岩土工程测试与技术前沿

蒋明杰 黄 震 龚 健 主编

吉林大学出版社

·长春·

图书在版编目（CIP）数据

岩土工程测试与技术前沿 / 蒋明杰, 黄震, 龚健主编. -- 长春：吉林大学出版社, 2023.7
ISBN 978-7-5768-2337-0

Ⅰ.①岩… Ⅱ.①蒋…②黄…③龚… Ⅲ.①岩土工程—测试技术 Ⅳ.① TU4

中国国家版本馆 CIP 数据核字 (2023) 第 207905 号

书　　名	岩土工程测试与技术前沿
	YANTU GONGCHENG CESHI YU JISHU QIANYAN
作　　者	蒋明杰　黄　震　龚　健　主编
策划编辑	殷丽爽
责任编辑	殷丽爽
责任校对	曲　楠
装帧设计	守正文化
出版发行	吉林大学出版社
社　　址	长春市人民大街 4059 号
邮政编码	130021
发行电话	0431-89580036/58
网　　址	http://www.jlup.com.cn
电子邮箱	jldxcbs@sina.com
印　　刷	天津和萱印刷有限公司
开　　本	787mm×1092mm　1/16
印　　张	10.5
字　　数	250 千字
版　　次	2025 年 3 月　第 1 版
印　　次	2025 年 3 月　第 1 次
书　　号	ISBN 978-7-5768-2337-0
定　　价	72.00 元

版权所有　　翻印必究

作者简介

蒋明杰，博士，毕业于西北农林科技大学，工学学士。现任广西大学岩土与地下系副教授、博士生导师，主要从事特殊土力学特性试验研究。担任广西科技评审专家、中国岩石力学与工程学会第八届青年工作委员会委员、中国土木工程学会土力学及岩土工程分会第三届青年工作委员会委员、国际土力学及岩土工程学会会员，主持和参与国家自然科学基金、国家重点实验室项目、广西重大专项、广西科技基地和人才专项、广西自然科学基金等纵向项目10余项，一作和通讯发表SCI/EI论文20余篇，授权专利5项，相关科研成果获省部级计算发明奖1项。

黄震，毕业于中南大学，土木工程（隧道工程）博士。现任广西大学岩土与地下系副主任、副教授、博士生导师，主要从事地下工程减灾机理及防控策略研究。主持和参与国家自然科学基金、国家重点实验室项目、广西重大专项、广西重点研发、广西自然科学基金等纵向项目10余项，一作和通讯发表学术论文50余篇，授权专利10余项，相关科研成果获省部级科技奖二等奖5项。担任广西科技评审专家、广西岩土与地下工程学会理事、第三届亚洲隧道青年论坛（SYTA）学术委员会委员、第八届中国土木工程学会隧道及地下工程分会建设管理与青年工作科技论坛学术委员会委员，长沙理工大学学报（自然科学版）青年编委，Applied Sciences等SCI国际期刊客座编辑和Tunnelling and Underground Space Technology、Journal of Civil Structural Health Monitoring、Urban Rail Transit、Journal of Intelligent & Fuzzy Systems、Georisk：Assessment and Management of Risk for Engineered Systems and Geohazards、《中国公路学报》《铁道科学与工程学报》《土木工程与管理学报》《隧道与地下工程灾害防治》《交通科学与工程》等期刊审稿人。

龚健，毕业于大连理工大学建设工程学部，工学博士。现任广西大学副教授/硕士生导师，中国土木工程学会土力学及岩土工程分会青年工作委员会委员，期刊《Sustainability》、专刊《Risk Analysis and Protection Engineering of Geological Hazards》客座编辑；研究领域涉及不同地质成因下岩土颗粒形状的识别、量化以及分类研究；岩土材料的宏细观力学特性研究；边坡的渐进破坏研究；离散元模拟及其软件开发等方向。主持国家自然科学基金项目1项，省部级项目1项，其他科研项目4项。在国内外重要学术期刊和国际学术会议上发表学术论文26篇，其中SCI/EI收录22篇。

郑志，毕业于中国科学院大学武汉岩土所，博士学位。现任广西大学助理教授，博士（后），广西博新计划入选者。主要从事深埋地下与岩溶工程真三轴试验和破坏理论研究，在EG、RMRE、CG等主流期刊发表SCI/EI论文20余篇，其中第一/通讯作者SCI论文17篇（中科院1区5篇，中科院2区8篇）；主持国家级、省部级项目5项；申请发明专利20项（排1）；登记软著13项（排1）。

陈铭熙，男，工学博士，博士毕业于武汉大学土木建筑工程学院岩土与道桥系，现为广西大学土木建筑工程学院助理教授、讲师、硕士生导师，中国大坝工程学会库坝渗流专业委员会委员、中国力学学会会员，《Sustainability》杂志客座编辑。主要从事水利水电工程高边坡稳定性演化机制及滑坡灾害预测预警方面的研究工作，已在国内外主流期刊发表多篇学术论文。

前 言

土木工程是一个涉及建筑、交通、水利、防灾等领域的大型学科，随着科技的不断进步，土木工程也在不断发展和创新。近年来，土木工程学科的前沿领域不断扩展，对土木工程学科前沿技术及理论进行研究可以更好地提高土木工程的设计、建设和运营效率，保障人民的生命财产安全，促进社会的可持续发展。

本书是依据岩土工程、隧道及地下工程、地基与基础工程、防灾减灾工程等土木工程学科前沿研究方向组织编写的。全书共5章，包括大埋深粗粒土静止侧压力系数检测技术及演化规律研究、隧道结构健康检测技术及发展趋势、土石混合体的宏观抗剪强度与细观结构特征、复杂应力状态下低渗透脆性岩石渗透率的演化规律研究，以及滑坡位移曲线形态特征研究等领域的前沿内容。

本书可作为土木、水利工程等专业本科生和研究生的教材和参考用书，也可作为相关专业的教师、科研人员和工程技术人员的参考读物。

蒋明杰
2023年2月

目 录

第1章 大埋深粗粒土静止侧压力系数检测技术及演化规律研究 ········· 1
   1.1 研究背景及研究意义 ·· 1
   1.2 土体静止侧压力系数研究现状 ·· 2
   1.3 粗粒土静止侧压力系数测试仪研制 ···································· 5
   1.4 试验土料 ··· 15
   1.5 粗粒土 K_0 随竖向应力的演化规律 ····································· 18
   1.6 小结 ··· 27

参考文献 ··· 29

第2章 隧道结构健康检测技术及发展趋势 ································ 34
   2.1 隧道结构健康检测项目及要求 ······································· 34
   2.2 隧道结构健康检测方法及其原理 ····································· 38
   2.3 隧道结构健康检测技术发展现状 ····································· 48
   2.4 现有隧道检测设备存在的不足 ······································· 51
   2.5 隧道结构健康检测技术发展趋势 ····································· 53
   2.6 隧道结构健康检测新技术应用案例 ··································· 58

参考文献 ··· 65

第3章 土石混合体的宏观抗剪强度与细观结构特征 ························ 66
   3.1 研究背景及研究意义 ··· 66
   3.2 国内外研究现状 ··· 67
   3.3 主要研究内容与方法 ··· 70
   3.4 数值模型的建立 ··· 70

3.5	初始试样的各参数测定	73
3.6	初始试样的压缩特征	75
3.7	二元混合体内的颗粒接触特征	77
3.8	宏观剪切特性	82
3.9	介观剪切特性	87
3.10	细观剪切特性	92
3.11	组构异性分析	94
3.12	小结	98

参考文献 100

第4章 复杂应力状态下低渗透脆性岩石渗透率的演化规律研究 106

4.1	研究背景及研究意义	106
4.2	低渗透脆性岩石渗透率研究现状	106
4.3	低渗透脆性岩石渗透率研究方法	108
4.4	三轴压缩试验结果与分析	109
4.5	三轴卸载围压试验结果及分析	112
4.6	循环三轴加载和卸载试验结果及分析	116
4.7	一种新的考虑损伤阈值和初始压实效应的水力耦合统计损伤模型	120
4.8	小结	127

参考文献 129

第5章 滑坡位移曲线形态特征研究 134

5.1	研究背景及研究意义	134
5.2	典型滑坡三阶段演化特征	136
5.3	滑坡位移 - 时间曲线分类与演化阶段划分	138
5.4	累积位移 - 深度曲线形态分类	151
5.5	小结	154

参考文献 156

第 1 章 大埋深粗粒土静止侧压力系数检测技术及演化规律研究

1.1 研究背景及研究意义

随着中国近年来经济的快速发展，我国对能源的需求量日益增加。作为清洁能源，水电能源开发因此得到了政府的大力支持，在国内不少地区，诸多大中型水库正处于立项决策、勘察设计或建设施工阶段。由于经济效益高、筑坝所需地质条件要求低、有较强抗震性能[1]，在大坝选型时土石坝经常作为优先考虑的坝型。当坝址处覆盖层较为深厚时，地基往往有较大沉降，具有出色协调变形能力的土石坝经常作为深厚覆盖层上优选甚至唯一坝型，如瀑布沟心墙堆石坝[2]。

粗粒土主要是指由块石、碎石、砂卵砾石料、石屑等粗颗粒相互充填组成的颗粒堆积体[3]。粗粒土是土石坝的主要筑坝材料。随着近年来高土石坝建设不断发展，粗粒土力学特性研究作为高土石坝应力变形分析的基础，已经逐渐成为土力学的一个重要课题[3-26]。由于土体力学特性本质上取决于它的应力状态，因此准确把握粗粒土初始应力状态对分析以及设计土石坝等土方工程十分重要。在工程实践中，一般根据土体容重以及埋置深度确定某一土层所受竖向应力，再利用竖向应力以及土体静止侧压力系数 K_0 来计算土体水平应力，从而确定土体初始应力状态。显然，准确把握大埋深粗粒土 K_0 值对分析以及设计高土石坝有十分重要的作用。

土体静止侧压力系数是土体重要的状态参数，它的定义是无侧向变形条件下土体有效水平应力 σ'_h 和有效竖向应力 σ'_v 之比。目前，室内试验中测定土体静止侧压力系数的主流仪器主要是固结仪类[27-37]以及三轴类[38-43]仪器，但对于粗粒土来说，由于其颗粒最大粒径较大，要求试验仪器尺寸较大，一般没有条件对粗粒土进行室内 K_0 试验，甚至没有较好的方法来测定粗粒土的 K_0。比如，如果用大型三轴仪或水囊式固结仪测定粗粒土的 K_0，就会出现橡皮膜的嵌入作用，导致无法控制土体处于真正的"无侧向变形"。因此，现有常规室内仪器很难准确测出粗粒土静止侧压力系数，因此有必要研制出可以准确测试粗粒土静止侧压力系数的室内仪器，并通过一系列试验研究大埋深（即高压下）粗粒土的静止侧压力系数的演化规律。

1.2 土体静止侧压力系数研究现状

1.2.1 土体静止侧压力系数测试技术研究现状

土体静止侧压力系数 K_0 是土体在无侧向应变条件下水平有效应力与竖向有效应力之比。它是土体性质的一个重要参数，在很多工程结构的设计中用来计算土压力或估计地基应力。作为土体的一个重要力学参数，国内外学者对其测定进行了大量的研究。

利用特定固结仪测得土体静止侧压力系数是一个常用的室内试验方法。这类仪器主要有刚性壁和柔性壁两种。对于刚性壁固定仪，早在 1920 年，太沙基（Terzaghi）[27]就利用其进行了土的 K_0 试验。试验方法是分别在垂直和水平方向土样中插入贯穿容器的钢带，当试样固结完成以后，将两根钢带抽出，测得抽出钢带所受力，从而计算出土体静止侧压力系数。

在 1965 年，科莫蒂尼（Komoronik）和蔡特林（Zeitlen）[28]在单向固结仪环刀壁上贴电阻应变片来进行土体 K_0 试验，这种方法对应变片精度要求高，而且环刀的模量也必须预先知道。同一年，布鲁克（Brooke）和艾尔兰（Ireland）[29]改进了科莫蒂尼的试验仪，在环刀外侧配备了液体压力设备，当环刀内壁受到试样的水平压力时，在环刀外壁施加液体压力，使应变片的应变为 0，此时液体压力与试样水平应力相等。

在 1976 年，阿卜杜勒哈米德（Abdelhamid）和克里泽克（Krizek）[30]设计了一种测定土体静止侧压力系数的固结仪，该仪器在环刀侧壁上安装了侧压力及孔隙水压力的测头，直接测量水平压力。

在 1996 年，山村（Yamamuro）和波普（Bopp）[31]通过在单向固结仪上放置应变片来测定轴向力高达 850MPa 时土体静止侧压力系数。

在 2011 年，尼尔（Lirer）[32]则通过在大型固结仪上放置应变仪来测定粗粒土静止侧压力系数。

对于刚性壁固结仪来说，测定土体 K_0 的基本原理是通过测量侧壁侧向膨胀变形来得到试样侧向应力。这样一来，选取试验仪器材料时，一方面要求固结仪侧壁有足够的柔性来产生侧向膨胀变形从而保证侧向应力的测量精度；另一方面要求侧壁有一定硬度以避免过大变形，从而近似保证试样"无侧向变形"，这种矛盾难以很好地协调。因此，利用刚性壁固结仪测定粗粒土 K_0 总会存在一定误差。

至于柔性壁式固结仪，该仪器的测试原理是，将试样放在较薄的橡皮膜中，橡皮膜与刚性侧壁间只留有很小的充满水的缝隙。因为水是几乎不可压缩的，当试样受到竖向力时会产生轻微的侧向膨胀，相应地挤压了水体，此时水压力即是试样的水平压力，可直接通过压力表测得，从而计算出土体 K_0。众多学者[33-37]采用这种固结仪来研究土体静止侧压力系数，并得到了不少研究成果。但由于柔性壁式固结仪采用橡皮膜来作为侧壁，而粗粒土颗粒较大会导致颗粒间存在较大孔隙，加载过程中水压会使橡皮膜嵌入试样孔隙之中，导致试样无法保持"无侧向变形状态"，因此此类仪器不适用于粗粒土。

同时，很多学者通过改装三轴仪来测定土体静止侧压力系数。其原理是在三轴试验中施加轴向力时，利用特殊仪器来控制试样的侧向变形，测试试样侧向应力，从而测定土体 K_0。

在 1957 年，比索普（Bishop）和汉高（Henkel）[38]最早采用双筒压力室来进行土的三轴类 K_0 试验，他们在压力室中设置一个充满水银的内筒，维持内筒中水银高度不变，从而保证了试样没有侧向变形。

在 1991 年，姜朴和方涤华[39]研制了一种三轴类 K_0 仪，利用光纤维液位传感器来监测双筒压力室的内筒的水位，从而调控内室压力、保证试样无侧向变形。

在 1995 年，袁聚云[40]等采用真三轴仪，通过控制两个侧向无位移使试样达到 K_0 状态，并对上海地区淤泥质粉质黏土进行了 K_0 试验。

在 2001-2009 年，楚剑（Chu）等[41-43]通过测定试样体积变形，计算在无侧向变形条件下应该发生的轴向变形，从而调整轴向应力使试样产生相应轴向变形，保持 K_0 状态。

三轴仪类 K_0 试验仪一般是利用特殊仪器控制试样的侧向变形，存在变形"滞后"现象，即它是根据产生的侧向变形调整应力使已经产生的侧向变形再减小到 0。这会导致较大的试验误差。而且三轴类 K_0 试验仪大多采用柔性壁（橡皮膜），对粗粒土而言，在加载过程中会产生橡皮膜嵌入，并且橡皮膜嵌入引起的试验误差目前还没有可靠方法进行修正，因此，此类仪器也不适用于粗粒土。

除了固结仪和三轴仪这两类主要 K_0 试验仪外，还有一些学者设计了特殊的试验仪器来测定土体静止侧压力系数，如程海涛等[44]在 2007 年利用安装在三轴试样中间高度处的霍尔传感器量测中断面处的径向变形，据此变形由计算机控制系统来调节轴向加载和围压实现 K_0 固结条件。对粗粒土，这种量测方式虽然不受橡皮膜嵌入的影响，但径向变形的测量与控制仅仅在安装了霍尔传感器的中间周围，而且，粗粒土试样表面凸凹不平，易引起传感器的突变，也不能很好地控制粗粒土试样不产生侧向变形。

在 2009 年，沈靠山[45]将土压力盒埋在进行大型压缩试验的试样中，通过土压力盒测试粗粒土的竖向应力以及侧向应力，由此计算土体 K_0。然而，由于土压力盒的精度影响，试验有较大误差。

在 2014 年，高燕（Gao）[46]则通过在水平方向和竖直方向分别向改进的直剪仪里插入压力传感器来测得土体竖向力以及侧向力，从而计算出土体静止侧压力系数。这类仪器尺寸较小，无法测定粗粒土 K_0。

上述仪器一般只适用于砂土或黏土等细颗粒土，相关试验研究也主要针对这类土，适用粗粒土的试验仪器以及相关研究极少。本节针对现有仪器并不适合测试粗粒土 K_0 的缺点，研制了一种大型 K_0 试验仪，该仪器结构简单、操作方便，可对包括粗粒土在内的大部分类型土体进行试验，其试样加载压力最大可达 4MPa。

1.2.2 竖向应力对土体静止侧压力系数影响研究现状

由于土体力学特性本质上取决于它的应力状态，因此准确把握土体初始应力状态对分析以及设计土方工程十分重要。在工程实践中，土体附加应力一般可以直接计算出来，再根据土体容重以及埋置深度确定某一土层所受自重应力，即可得到该土层所受竖向应力，此时再利用竖向应力以及土体 K_0 值来计算出土体水平应力，从而确定土体初始应力状态。

由于土体竖向应力中自重应力部分与该土体所处土层埋置深度线性正相关，因此土体竖向应力随埋置深度的增加而增加，而土体水平应力随埋置深度的变化规律却存在争论，因为土体水平应力是同时由该层土体静止侧压力系数以及其所受竖向应力决定的，一般来说，该层土体竖向应力可直接通过计算得出，但土体静止侧压力系数随埋置深度的演化规律却有待研究。因为随着埋置深度的增加，土体所受竖向应力逐渐增大，而土体静止侧压力系数与竖向应力的关系，国内外不少学者都进行过相关研究，但学者之间的研究成果存在冲突，部分学者[47-54]认为土体K_0值在加载过程中可视为一个常数，但也有不少学者[55-63]通过试验发现竖向应力对正常固结土K_0有较大影响。

如兰德伟（Landva）[55]以及尼尔（Lirer）[56]在2000年，分别利用自制的大型K_0固结仪对城市固体废弃物以及砂卵砾石料进行K_0试验，分别发现正常固结状态下城市固体废弃物以及砂卵砾石料随着竖向应力的增加呈减小趋势。

在2015年，顾晓强（Gu）等[57]通过建立PFC3D数值模型来模拟粒状土K_0试验全过程，数值模拟结果表明：在竖向应力较小时，正常固结状态下粒状土K_0随着竖向应力增大呈减小趋势，随着竖向应力的增大，粒状土K_0趋于常数。

在2007年以及2008年，王秀艳等[58]以及赵玉花等[59]通过试验都发现正常固结状态下黏土K_0随竖向应力的增大呈增大趋势，随着竖向应力的增大，黏土K_0趋于一个常数。

在2016年，刘清秉等[60]通过在WG-1B型三联中压固结仪上对膨胀土进行侧限膨胀试验，发现膨胀土整个膨胀过程中平均静止侧压力系数随竖向应力的增大而减小，并用科莫蒂尼（Komoronik）和蔡特林（Zeitlen）[61]的试验数据论证了这一规律的合理性。

在2017年，陈存礼等[62]利用GJY型K_0固结仪（水囊式K_0仪）对黄土进行了K_0试验，发现正常固结状态下黄土K_0随竖应向力的增大呈增大趋势并最终趋于某一稳定值，同时提出了正常固结状态下黄土K_0与含水率以及竖向应力的关系式：

$$K_0 = \frac{\sigma_v}{cw^{-d} + \dfrac{\sigma_v}{K_{0S}}} \quad (1\text{-}1)$$

式中：c，d为土性参数；w为含水率；K_{0S}为原状黄土饱和状态下K_0值。

在2017年，金松丽等[63]利用改进的单杠杆K_0固结仪对湿陷性黄土进行K_0试验，结果表明：湿陷性黄土与"增湿水平"成线性正相关，与吸力成线性负相关，而竖向应力越大，这两个影响因素对土体静止侧压力系数影响越小。并建立了能同时反映黄土K_0与"增湿水平"以及竖向应力关系的公式：

$$K_0 = \frac{m}{1+\left(\dfrac{P}{P_s}\right)^n} \cdot S_w + \frac{P}{P \cdot c + d} \quad (1\text{-}2)$$

式中：P为竖向应力；m、n、c及d为拟合参数；S_w为增湿水平。

由于现有研究成果关于正常固结土K_0随竖向应力的演化规律存在争议，且大多是根据砂土以及黏土的试验成果得到的，因此关于正常固结状态下粗粒土K_0随竖向应力的演化规律，还有待在现有研究成果的基础上进一步研究。

另外，超固结状态下土体 K_0 随竖向应力的演化规律也有较大研究价值，如超固结地基 K_0 的准确取用对上部结构荷载作用下地基的力学性态的预测十分重要，因此，国内外众多学者[64-78]都进行过相关研究，并且已经认识到超固结状态下大部分土体静止侧压力系数随着超固结比 OCR（Over Consolidation Ratio）的增大有增大趋势。同时，一些学者[68-69-73]提出了能反映超固结状态下土体静止侧压力系数演化规律的经验公式。

在 1966 年，施密特（Schmidt）[68]等通过分析文献的试验数据，提出了反映超固结状态下土体静止侧压力变化规律的公式：

$$K_{0OC}=b \cdot OCR^a \qquad (1\text{-}3)$$

式中：K_{0OC} 是超固结状态下土体静止土压力系数；a 和 b 是拟合参数。

在 1967 年，阿尔法（Alpan）[69]通过分析众多文献资料的试验数据，得到了预测卸载条件下土体静止土压力系数的公式：

$$K_{0OC}=K_{0NC}OCR^n \qquad (1\text{-}4)$$

式中：K_{0OC} 是超固结状态下土体静止土压力系数；K_{0NC} 是相同竖向应力下正常固结状土静止土压力系数；n 是拟合参数，辛普森（Simpson）[72]等认为对于黏土来说，n 取值区间在 0.41～0.50。在缺少试验条件的情况下，则可采用迈耶霍夫（Meyerhof）和乔治·杰弗里（George Geoffrey）[71]的建议，n 取值 0.5。

在 1982 年，梅恩（Mayne）[73]等通过汇总众多文献的试验数据，研究了 170 种不同土体静止土压力系数在卸载过程中的演化规律，在式（1-4）的基础上，提出了一种能同时描述超固结状态下黏土、淤泥和砂土体静止土压力系数演化规律的公式：

$$K_{0OC}=K_{0NC}OCR^{\sin\varphi'} \qquad (1\text{-}5)$$

式中：φ' 是土体有效内摩擦角。

虽然式（1-4）以及式（1-5）分别是在 20 世纪 60 年代以及 80 年代提出的，但经过后来学者的试验以及数值计算结果验证，已证明两式可较为准确地描述大部分超固结土体静止土压力系数随应力状态的演化规律。然而，由于仪器的限制，现有研究中涉及超固结粗粒土静止土压力系数的研究极少，对于式（1-4）或式（1-5）能否准确描述超固结状态下粗粒土静止侧压力系数随应力状态的演化规律，还有待进一步研究。

1.3 粗粒土静止侧压力系数测试仪研制

1.3.1 测试仪研制总体结构

近年来随着土石坝等土石工程建设的需要，岩土工作者对粗粒土静止侧压力系数研究越来越感兴趣。然而，国内仍缺少专门用于测试粗粒土静止侧压力系数的大型试验仪。由于试验条件的限制，粗粒土静止侧压力系数研究工作开展得很少。从现有的文献报告来看，国内外仅有尼尔（Lirer）等[56]研制出大型 K_0 测试仪来测量粗粒土静止侧压力系数，但是该 K_0 测试仪有一定缺陷，没有得到推广。目前在国内，尚没有适合粗粒土的大型 K_0 试验仪。

本书结合课题研究的需要，与天水红山仪器制造厂合作，研制了适用于粗粒土的大型K_0试验仪，该仪器不仅适用于较低应力状态下的砂土和黏土，而且适用于粗粒土以及高应力状态下的各种土体。

大型K_0试验仪总体结构以及受力简图分别如图1-1(a)以及(b)所示，其实体图如图1-1(c)所示。大型K_0试验仪主要结构部件包括压力室、轴压控制系统及测量控制系统三部分，下面将对这三部分分别详细进行介绍。

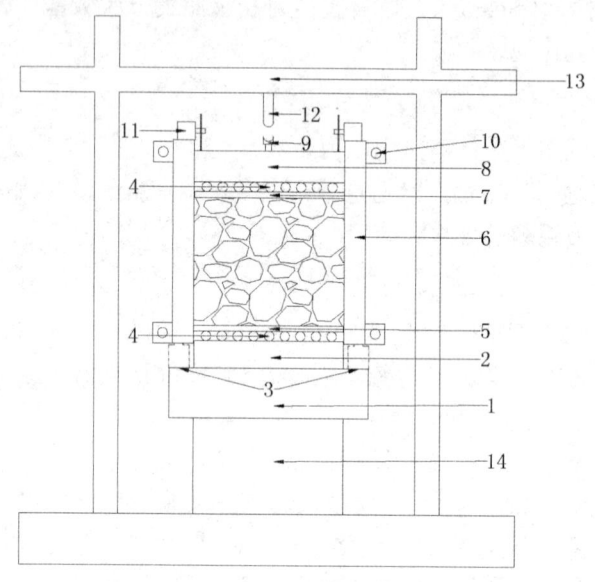

（1：底座；2：底板；3：压重传感器；4：钢珠；5：下传力板；6：试样筒；7：上传力板；8：加压盖板；9：加压板；10：拉压力传感器；11：位移传感器；12：荷载传感器；13：加载架；14：加载油缸）

（a）仪器结构示意图

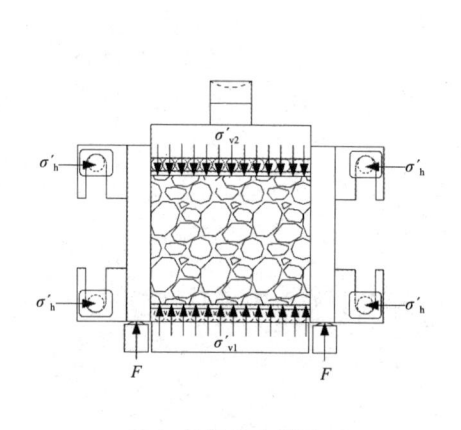

（b）仪器受力简图 　　　（c）实物图

图1-1　试验仪器示意图

1.3.1.1　轴压控制系统

轴压控制系统包括围压器、加载架和加载油缸。

（1）围压器[图1-2（a）]：围压器采购自南京泰克奥科技有限公司，全称为标准压力体积控制器，长宽高分别为1.5 m、0.25 m及0.28 m，最大加载压力为5 MPa，精度为+/-0.1% F.S，可提供长时间稳定的试验轴压。该仪器利用46号抗摩擦油作为工作介质，在加载前向围压器注满6 000 mL46号抗摩擦油，加载时通过油管，向加载油缸中注入46号抗摩擦油来压缩油泵为试样加载。围压器加载方式一般有两种，一种即利用围压器自带键盘[图2-2（b）]中Empty键让围压器快速排油，从而达到对试样快速加载的目的，此种加载方法优点是加载时间快，缺点是无法精确控制加载力和加载速率，由于本书需要对比不同试样间试验数据的差异，在试验中常常需要精确地控制加载力和加载速率，因而该加载方式基本不用。另外一种加载方式，也就是本书采用的加载方式，它的加载步骤如下：首先按键盘中Run，使围压器液晶显示屏出现"Target → 0000 kPa"，再按键盘中数字键输入需要加载的加载压力，如输入数字键1、2、3、4，屏幕上的读数将变成"PRESSURE=1234k Pa"，接着按Enter使围压器开始排油进行加载，在达到1 234 kPa后围压器保持此加载压力不再变化。此种方法加载速率可通过RS232串口外联电脑进行调整，本书试验中速率都是100kPa/min。

（a）实物图　　　　　　　　　（b）键盘示意图

图1-2　标准压力体积控制器示意图

（2）加载油缸（图1-3）放置于试验室专门为其挖掘的坑道之中。加载油缸上部被轨道包围，压力室通过轨道进行前后移动，制样时将压力室滑至空闲位置，制样完成后将压力室滑到指定位置，压力室底座底部与加载油缸活塞处于对应位置，由于底座底部设有与加载油缸上部配合的凹槽，对应位置处活塞正对凹槽，加载过程中加载油缸活塞慢慢上升，最后进入凹槽，从而保证加载过程中加载油缸以及压力室不会发生水平滑动。

（3）加载架（图1-4）底部埋置在坑道中，加载架横梁通过控制器进行上下移动。要进行加载时，在压力室滑到指定位置后，利用控制器调整加载架顶部，使得荷载传感器与加压盖板对齐而又刚好不接触。加载时，通过围压器向加载油缸注入46号抗摩擦油，压缩油泵产生油泵压力使得加载油缸顶部的活塞上升，对压力室底部提供顶升力，导致压力室上升，使得荷载传感器与加压板接触，此时加载架顶部横梁会受力并提供反力，通过荷重传感器、加压板、加压盖板、滚珠及（半圆形）上传力板将反力传递到试样，从而试样受到竖向加载。

图 1-3 加载油缸示意图 　　　　图 1-4 加载架示意图

1.3.1.2 压力室

压力室主要由底座与底板、试样筒、上下传力板及加压盖板组成，如图 1-5 所示。

底座位于压力室最下方，底座下部四端处都有车轮，加载前压力室利用此四个车轮在轨道中前后移动。底座下部设有与加载油缸活塞配合的凹槽，通过凹槽，使加载时底座与活塞牢固地结合在一起。底板位于底部之上，由两块半径相同的半圆柱形金属板组成。底座顶部中间设置凸起的定位销，而底板底部设有与底座顶部定位销配合的凹槽，通过凸起的定位销和凹槽相互配合，底部定位能够牢固地固定在底座中心处，从而避免底板由于未放置在底座中心处导致试样受压不均匀，致使压力室发生位移。

试样筒为由两个半圆形刚性筒通过两对拉伸传感器连接而成的中空型圆柱筒，试样筒高和内径都为 40 cm。试样筒主要用途是放置试样，但试样筒内部并不仅仅只有试样。如图 1-1（a）所示，试样筒试样底部自下而上依次设有钢珠以及下传力板，试样顶部自下而上依次设有钢珠、上传力板、加压盖板及加压板。加载时，加载架横梁会提供反力，通过固定在横梁上的荷重传感器，此力依次传递到加压板、加压盖板、钢珠及（半圆形）上传力板上，最终此反力传递到土样，从而对试样加载，而此时荷重传感器也测得了试样顶部所受竖向荷载。在试样被施加竖向压力后，试样会产生侧向膨胀，为保证上下传力板不对这种膨胀趋势产生阻碍，上下传力板都由两块半径相同的半圆形钢板拼成，且实验时半圆钢板拼接部分与试样筒中性轴 AB 重合。在上传力板与加压盖板之间以及下传力板和底座之间铺满可自由滚动的钢珠，则是为了减小上传力板的顶部摩擦力以及下传力板的底部摩擦力，即两块传力板的端部约束。

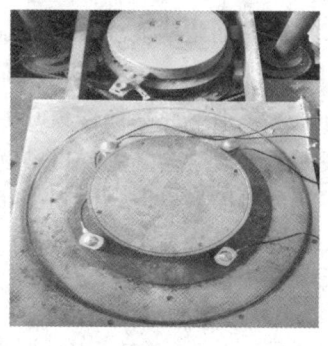

（a）底座和底板 　　　　（b）试样筒

图 1-5 压力室示意图

（c）传力板　　　　　　　　　　（d）钢珠

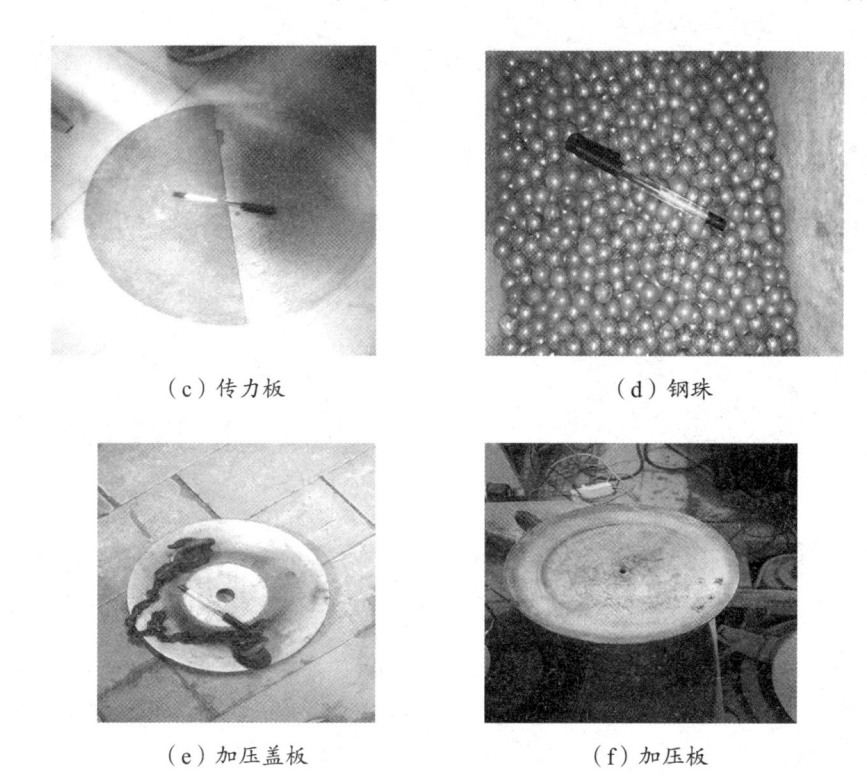

（e）加压盖板　　　　　　　　（f）加压板

图 1-5　压力室示意图（续图）

1.3.1.3　测量系统

测量系统包括测定 4 只拉伸传感器、1 个荷载传感器、2 只位移传感器和荷重传感器，以及每个传感器对应的显示器，如图 1-6 所示。

拉伸传感器，如图 1-6（a）所示，在试样筒中轴线 AB 两侧外壁上下对称布置，用来固定两块半圆刚性筒，使之成为中空的圆柱形筒，从而可在试验中向其填放试样，而拉伸传感器也可在试验中测定试样侧向力。如图 1-6（a）所示，拉伸传感器通过左右两边 6 个螺母固定在试样筒上，4 个外螺母保证两块刚性筒牢固地组成试样筒。至于布置两个内螺母，则是为了保证两块半圆刚性筒之间存在一定间隙。因为如果刚性筒紧紧接触在一起，两块刚性筒之间会有一定的接触力，在试验过程中会抵消一部分侧向力，导致试验出现误差。

荷载传感器，如图 1-6（b）所示，悬挂在加载架横梁上，荷载传感器下部装有底部球形的传力装置，而加压板顶部有与之配合的凹槽。试验中，荷载传感器通过传力装置与加压板接触，从而更均匀地向试样传递加载架横梁提供的反力并测得此力，即荷载传感器在试验中负责测定试样顶部竖向力。

位移传感器，如图 1-6（c）所示，通过底部磁铁对称固定在试样筒两侧，试验前位移传感器探测针头与加压盖板紧密接触，通过记录实验中探测针头的移动量来得到试样实时压缩量。

荷重传感器，如图 1-6（d）所示，对称安置在底板四周，试验筒安放在荷载传感器上。试验前将荷重传感器对应显示器清零，此时，试验中荷重传感器对应显示器读数即实时试样所受侧壁摩擦力。

每个传感器都对应一个显示器,如图 1-6（e）所示,试验中通过记录显示器读数,得出试验数据。

（a）拉伸传感器  　　　　　　　　（b）荷载传感器

（c）位移传感器 　　　　（d）荷重传感器 　　　　（e）显示器

图 1-6　测量系统示意图

1.3.2　大型 K_0 试验仪工作原理与试验方法

1.3.2.1　试验仪器工作原理

大型 K_0 试验仪的试验原理：试样筒内试样在竖向压应力作用下会产生侧向变形趋势,从而挤压半圆形刚性筒,此时作用在 AB 断面（图 1-7）上的法向应力等于作用在试样上的侧向应力,而该断面上的法向应力的合力,也就是试样内沿直径方向截面上的总压力,可由拉力传感器测得。由此,可得到试样侧向应力为

$$\sigma'_h = \frac{N_h}{(h-\Delta h)d} \quad (1-6)$$

式中：$(h-\Delta h)d$ 为 AB 断面的面积,其中 h 以及 d 分别为试样初始高度以及试样直径；Δh 为试样加载后的压缩量,由位移传感器测得；N_h 为试样内沿直径方向截面上的总压力,由拉力传感器测得。

在试验过程中,由于土体在竖向受压时有相对侧壁向下运动的趋势,势必与侧壁产生摩擦力。此摩擦力会沿着试样高度逐渐减小试样所受竖向应力,导致竖向荷载传感器测得 N_v 不等于实际作用在试样内部的竖向应力。因此,需要设法消除侧壁摩擦力的影响,得到更能反映试样实际受力情况的试验数据。

为减轻侧壁摩擦力的影响,根据王俊杰(Wang)等[54]的研究,本书利用试样底部和顶部竖向力的算术平均值作为试样所受竖向力来计算 K_0。试验时,在试样筒底部布置 4 个压重传感器,在加载前将传感器清零,以排除试样筒以及试样自重的影响,从而在试验过程中测得侧壁摩擦力 f。这样,试样顶面竖向压力为 N_v/A(A 为试样面积),底面竖向压力即为 $(N_v - f)/A$。假定摩擦力沿侧壁均匀分布,则试样内平均竖向应力为

$$\sigma'_h = \frac{N_v - 0.5f}{0.25\pi d^2} \tag{1-7}$$

因此,对摩擦力影响进行修正后的静止侧压力系数 K_0 应由式(1-8)计算。

$$\sigma'_h = \frac{\dfrac{N_h}{(h - \Delta h)d}}{\dfrac{N_v - 0.5f}{0.25\pi d^2}} \tag{1-8}$$

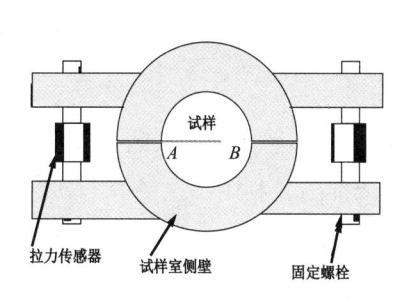

图 1-7 仪器原理图俯视

1.3.2.2 试验方法

大型 K_0 试验仪试验步骤如下。

1. 装配试验装置

(1)试样高度 H=300 mm,直径 D=400 mm。根据试样体积以及制样干密度计算试样质量,将相应级配的风干样分三份称好并且搅拌均匀。

(2)通过凸起的定位销和凹槽相互配合,底板放置在底座中心处。压重传感器对称放置在底板四周,将两个半圆形刚性筒安放在压重传感器之上,并用拉伸传感器固定组成试样筒。

(3)向试样筒底部倾倒滚珠,使滚珠铺满底板顶部,在钢珠上放置半圆钢板,并使两块半圆钢板结合处与试样筒中性轴 AB 重合。为减小侧壁摩擦力,在试样筒侧壁上擦涂凡士林然后贴上聚四氟乙烯膜。

(4)装入第一层风干试样,均匀地抚平表面,用振动器将试样振实到预定高度后,再以相同方法填入第二层土样,如此继续,共分 3 层装入试样内,每层厚度控制为 100 mm。

（5）将上传力板放置在试样上，并使组成上传板的两块半圆钢板结合处与试样筒中性轴 AB 重合，在上传力板之上铺满钢珠。

（6）将加压盖板放置在钢珠上，并将位移传感器对称放置在试样筒两侧，并使传感器探测针与加压盖板接触。

（7）通过轨道将压力室整体推入加载架中，利用加载架控制器，使加载架横梁下降，下降至荷载传感器与加压板距离 1~2 mm 时停止，之后进行试验加载。

2. 试样加载

（1）打开围压器，先利用 Empty 键使围压器快速排油，通过向加载油缸快速注油，压缩油泵产生油泵压力，使活塞快速上升进入压力室底座底部凹槽处，在荷载传感器对应显示器产生读数时按 Stop，使围压器暂停向加载油缸排油。

（2）按 Run，以 200 kPa 每级对试样施加竖向荷载，达到预定荷载级时，每级荷载维持 10 min，待各传感器示数稳定时记录测量值。需要指出的是，由于侧壁摩擦力的存在，试样所受竖向应力要比围压器上读数小，故围压器上加载应力读数不作为试验数据。

（3）当围压器加载到最大值（此时围压器读数为 6 MPa），稳定 2h 后记录测量值，再以 500 kPa 每级卸载到 0。卸载到预定荷载级时，每级荷载也维持 10 min，待各传感器示数稳定时记录测量值。

3. 试样拆除

卸载完成后，利用加载架控制器，使加载架横梁上升至荷载传感器与压重传感器距离 10 cm 时停止，将压力室从加载架推出，利用小土铲等工具将试样从试样筒取出。

1.3.3 测试仪器有效性验证

1.3.3.1 试样侧向变形对试验结果的影响分析

理论上，试验过程中要求试样无侧向变形，才能测定土体 K_0。但是，目前大部分固结类 K_0 测试仪，都是通过微小的水平变形来测试 K_0，如水囊式 K_0 固结仪，该仪器通过试样水平变形挤压水囊导致水囊内水压力升高从而测试水平压力。本文的试验仪也不例外，在加载过程中，试样也会存在少量侧向膨胀。因此有必要分析这种侧向膨胀对试验结果的影响。

根据广义胡克定律有如下应力应变关系：

$$\begin{aligned} \varepsilon_x &= \frac{1}{E}\left(\sigma_x - v\left(\sigma_y + \sigma_z\right)\right) \\ \varepsilon_y &= \frac{1}{E}\left(\sigma_y - v\left(\sigma_x + \sigma_z\right)\right) \\ \varepsilon_z &= \frac{1}{E}\left(\sigma_z - v\left(\sigma_y + \sigma_x\right)\right) \end{aligned} \quad (1\text{-}9)$$

式中：E 为弹性模量；v 为泊松比。单向压缩试验中设 $\varepsilon_v = \varepsilon_z$ 以及 $\varepsilon_h = \varepsilon_x = \varepsilon_y$，则有 $\sigma_v = \sigma_z$，$\sigma_h = \sigma_x = \sigma_y$，则可得单向压缩试验中应力应变关系：

$$\varepsilon_v = \frac{1}{E}(\sigma_v - 2\nu\sigma_h)$$
$$\varepsilon_h = \frac{1}{E}(\sigma_h - \nu(\sigma_h + \sigma_v)) \quad (1\text{-}10)$$

由式（1-10）中第1个式子可换算得

$$\sigma_v = E\varepsilon_v + 2\nu\sigma_h \quad (1\text{-}11)$$

根据式（1-10）中第2个式子可换算得

$$\frac{\sigma_h}{\sigma_v} = \frac{\nu}{1-\nu} + \frac{E\varepsilon_h}{(1-\nu)\sigma_v} \quad (1\text{-}12)$$

将式（1-11）代入式（1-12）的右端，并考虑到静止侧压力系数的定义式，即 $K_0 = \sigma'_h/\sigma'_v$，则得到

$$K_0 = \frac{\nu}{1-\nu} + \frac{E\varepsilon_h}{(1-\nu)E\varepsilon_v + 2\nu(1-\nu)\sigma_h} \quad (1\text{-}13)$$

试样处于 K_0 状态时，有 $\varepsilon_h = 0$，则式（2-13）转换为

$$K_0 = \frac{\nu}{1-\nu} \quad (1\text{-}14)$$

因此，$\dfrac{E\varepsilon_h}{(1-\nu)E\varepsilon_v + 2\nu(1-\nu)\sigma_h}$ 即为因侧向应变而导致的 K_0 试验误差。如果该项值很小，则因侧向应变而导致的 K_0 试验误差可忽略。

试验结果表明，大型 K_0 仪在最大竖向荷载（4 MPa）作用下，拉力传感器被拉伸产生压力室两部分之间的相对位移不到 0.06 mm，对应侧向应变 ε_h 约为 0.015%。对人工压实的密实粗粒土，最大荷载下的竖向应变不到 3%，竖向应变远大于侧向应变，$\varepsilon_h/\varepsilon_v = 0.005$。

假设泊松比为 0.3，则可得 $\dfrac{E\varepsilon_h}{(1-\nu)E\varepsilon_v} = 0.007$，因此，$\dfrac{E\varepsilon_h}{(1-\nu)E\varepsilon_v + 2\nu(1-\nu)\sigma_h}$ 必然小于 0.007。对一般土体，其竖向应变小于 3%，因此试样侧向应变引起的 K_0 误差不到 0.007。由此可见，试验过程中试样侧向变形对试验结果的影响较小。

1.3.3.2 侧壁摩擦力对试验结果的影响分析

对大型 K_0 试验仪，侧壁摩擦力是影响 K_0 测试精度的主要因素之一。试验时，试样受压相对压力室侧壁向下运动，产生向上侧壁摩擦力，导致试样所受竖向应力沿高度方向递减，因此，需要研究侧壁摩擦力对试验结果的影响。

为探讨以及修正侧壁摩擦力影响，本章利用大型 K_0 试验仪对 0.5～1 mm 标准砂风干样（干密度为 1.58 kg/cm²）进行了 K_0 试验，试验过程时通过压重传感器来测定侧壁摩擦力。试验采用试样顶部加载压力（由荷载传感器测得）控制，最大试样顶部加载压力为 600 kN。试样高度为 300 mm，直径为 400 mm。

根据 K_0 试验数据，当不考虑侧壁摩擦力的影响，可整理出 σ'_v-σ'_h 关系如图1-8所示，可发现标准砂 K_0 可视为常数，为0.357。

然而，侧壁摩擦力存在会导致试样所受竖向应力沿着试样高度改变，从而导致试验误差。根据王俊杰（Wang）等[54]的研究，消除此类误差的方法主要有两种，一种方法是将试样高度中间部位的竖向应力作为试样所受竖向应力，另一种方法是利用顶部竖向应力与底部竖向应力的算术平均值作为试样所受竖向应力。本书采用后一种方法，并且在第1.3.2.1小节中已经提出了对摩擦力影响进行修正后的静止侧压力系数计算公式（1-8）。根据式（1-8）得到了修正摩擦力影响后的 σ'_v-σ'_h 关系，如图1-8所示。可发现修正摩擦力影响后 K_0=0.397。没有修正的 K_0 比修正侧壁摩擦力影响试验值小于0.034，误差达9.4%。因此，侧壁摩擦力对试验结果有较大影响，应用时需对侧壁摩擦力影响进行修正，故本书所有试验都按此方法进行修正。

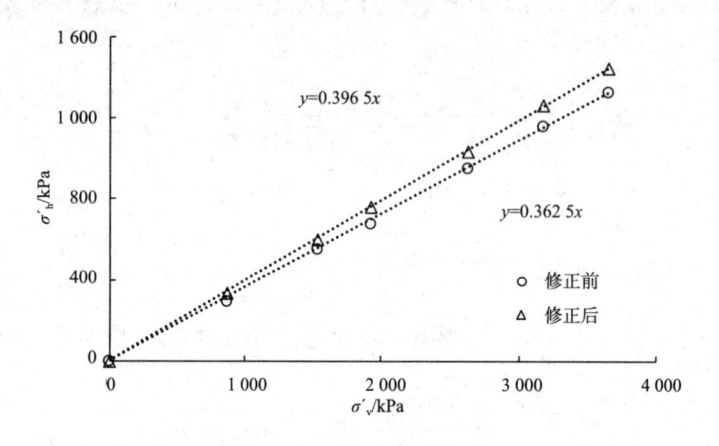

图1-8 大型 K_0 仪试验结果

1.3.3.3 与水囊式 K_0 仪试验结果对比分析

为了进一步验证大型 K_0 试验仪的准确性，笔者采用传统的水囊式 K_0 固结仪对0.5～1 mm标准砂风干样也进行了试验，试验结果如图1-9所示。

对比图1-8与图1-9可见，大型 K_0 试验仪未修正摩擦力影响以及修正摩擦力影响后 K_0 分别比水囊式 K_0 固结仪测试值大11%和21%。

对于大型 K_0 试验仪，其误差主要来源于两方面，即试样侧向变形及侧壁摩擦力。但是，这两个因素都会导致 K_0 测试值偏小。而大型 K_0 试验仪测得的 K_0 值（无论是否修正摩擦力影响）都大于常规 K_0 仪的结果。大型 K_0 试验仪除传感器误差外，没有使得测量值偏大的误差来源，并且传感器在试验前都经过厂家严格标定，误差小于 ±0.5%。因此相比水囊式 K_0 固结仪，大型 K_0 试验仪能更准确地测得土样静止侧压力系数实际值。

综上，本书研制的新型静止侧压力试验仪不仅可以适用于砂土以及黏土等细颗粒土，还可以对水囊式 K_0 固结仪难以试验的粗颗粒土进行测试。

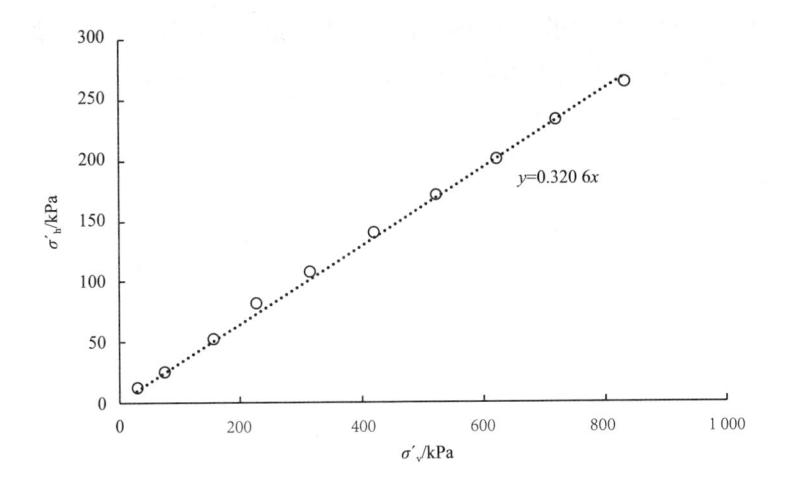

图1-9 水囊式 K_0 固结仪试验结果

1.4 试验土料

本书对取自大石峡的砂卵砾石料以及如美坝的堆石料两种土料进行试验，其中砂卵砾石料中砾石含量占21.4%。砂卵砾石料原始级配对应各粒组60～100、40～60、20～40、10～20、5～10、<5 mm的含量分别为8.14%、12.25%、12.76%、16.51%、21.87%。堆石料原始级配对应各粒组300～600、100～300、60～100、40～60、20～40、10～20、5～10、<5 mm的含量分别为24.65%、29%、9.65%、6.3%、8.8%、6.6%、5%、10%。由于粗粒土原级配粒径较大，对原级配进行了缩尺，使试样最大粒径满足试验要求。

1.4.1 堆石料试验土样

堆石料采用混合法进行缩尺，缩尺后的试验用料用R表示。根据《土工试验规程》（SL237—1999）[79]的定义，所谓混合法，即同时采用相似级配法以及等量替代法两种缩尺方法对原级配进行缩尺，先用相似级配法按适当的比尺以缩小原级配粒径，使小于5 mm粒径的土料质量不超过土料总质量的30%，若仍有超粒径颗粒再用等量替代法进行制样。

本书堆石料试样一共18个，各个试样具体情况如下：R1～R4表示缩尺后最大粒径 d_M（以下简称缩尺粒径）为60 mm、40 mm、20 mm和10 mm的试样。R1～R4填入试样筒时不进行压缩，初始相对密实度 D_{r0} 近似为0。R5，R6，R7及R8分别与R1，R2，R3及R4采用相同级配，R5～R8填入试样筒后，用振动压实器进行压实，从而使得R5～R8初始相对密实度 D_{r0} 等于0.7。R9～R11与R1采用一样的级配，其初始相对密实度 D_{r0} 分别等于0.6，0.5及0.4。另再利用混合法（改变比尺）得到3组级配不同且初始相对密实度 D_{r0} 都等于0.8的试样R12～R15，再将R15作为代表性级配，制样时利用振动压实器进行压实，从而得到初始相对密实度 D_{r0} 等于0.76，0.72及0.7的试样，对其编号分别为 R16～R18。K_0 试验堆石料各试样级配如图 1-10 所示，各个试验对应试样初始相对密实度 D_{r0} 以及初始干密度如表 1-1 所示。

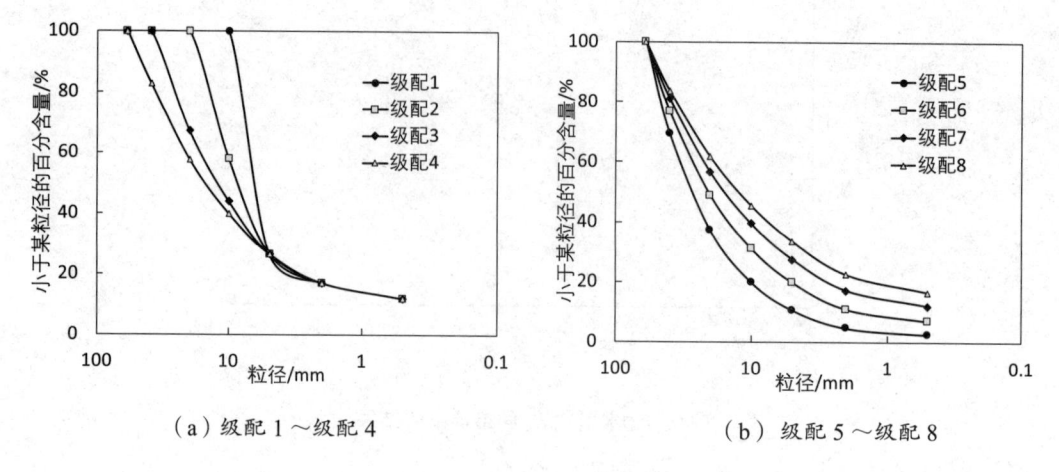

（a）级配 1～级配 4

（b）级配 5～级配 8

图 1-10 堆石料级配曲线

表 1-1 堆石料试样基本性质

试样	级配	初始相对密实度 D_{r0}	密度（g/cm³）	试样	级配	初始相对密实度 D_{r0}	密度（g/cm³）
R1	级配 1	0	1.673	R10	级配 1	0.5	1.896
R2	级配 2	0	1.572	R11	级配 1	0.4	1.846
R3	级配 3	0	1.492	R12	级配 5	0.8	1.897
R4	级配 4	0	1.44	R13	级配 6	0.8	2.016
R5	级配 1	0.7	2.003	R14	级配 7	0.8	2.124
R6	级配 2	0.7	1.884	R15	级配 8	0.8	2.168
R7	级配 3	0.7	1.784	R16	级配 8	0.76	2.137
R8	级配 4	0.7	1.705	R17	级配 8	0.72	2.107
R9	级配 1	0.6	1.948	R18	级配 8	0.7	2.095

注：表中 $D_{r0}=0$ 表示试样只经过整平，未进行击实，此时试样干密度与最大干密度试验结果误差不到 1%。

1.4.2 砂卵砾石料试验土样

本书砂卵砾石料试样分为两组，一共 23 个，各组试样具体情况如下。

第一组：本组一共 12 个试样，分别通过相似级配法、等量替代法及剔除法缩尺得到。并对经相似级配法、等量替代法及剔除法缩尺，最大粒径 d_M 分别为 60mm、40mm、20mm 和 10 mm 且 $D_{r0}=0$ 的试样，分别编号为 X1～X4，D1～D4 及 T1～T4。将 D4 改变级配，得出 4 组 d_M=60 mm，D_{r0}=0.8 且级配不同的试样，分别编号为 D5～D8。

第二组：本组一共 7 个试样，在用等量替代法对砂卵砾石料缩尺后，再将 <1 mm 细颗粒筛除从而得出本组试样，此组试样用 S 表示，各个试样具体情况如下：S1～S4 分别表示缩尺后最大粒径 d_M 为 60mm、40mm、20mm 和 10 mm 试样，并在制样时用振动压实器对 S1～S4 进行压实，从而使其相对密实度 D_{r0} 等于 0.8。S5～S7 采用与 S1 一样的级配，其相对密实度 D_{r0} 分别等于 0.7、0.6 及 0.4。K_0 试验砂卵砾石料各试样级配如图 1-11 所示，各个试验对应试样初始相对密实度 D_{r0} 以及初始干密度见表 1-2。

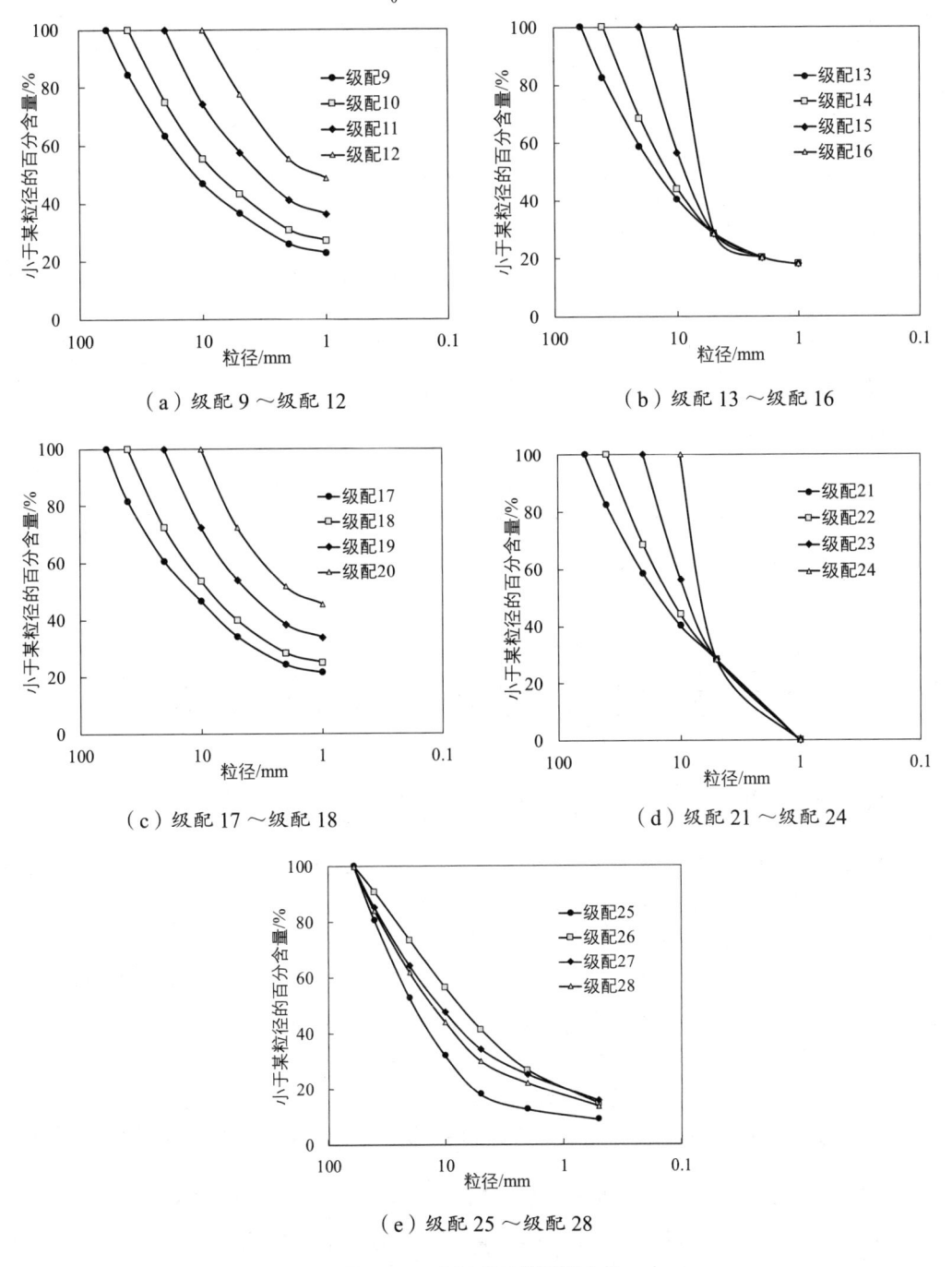

（a）级配 9～级配 12

（b）级配 13～级配 16

（c）级配 17～级配 18

（d）级配 21～级配 24

（e）级配 25～级配 28

图 1-11　砂卵砾石料级配曲线

表 1-2 砂卵砾石料试样基本性质

试样	级配	初始相对密实度 D_{r_0}	密度（g/cm³）	试样	级配	初始相对密实度 D_{r_0}	密度（g/cm³）
T1	级配 9	0	2.051	S1	级配 21	0.8	2.394
T2	级配 10	0	2.034	S2	级配 22	0.8	2.319
T3	级配 11	0	1.962	S3	级配 23	0.8	2.225
T4	级配 12	0	1.904	S4	级配 24	0.8	2.125
D1	级配 13	0	2.010	S5	级配 21	0.7	1.989
D2	级配 14	0	2.009	S6	级配 21	0.6	1.938
D3	级配 15	0	1.942	S7	级配 21	0.4	1.844
D4	级配 16	0	1.907	D5	级配 25	0.8	2.256
X1	级配 17	0	2.012	D6	级配 26	0.8	2.299
X2	级配 18	0	1.950	D7	级配 27	0.8	2.304
X3	级配 19	0	1.892	D8	级配 28	0.8	2.191
X4	级配 20	0	1.818				

注：表中 $D_{r_0}=0$ 表示试样只经过整平，未进行击实，此时试样干密度与最大干密度试验结果误差不到1%。

1.5 粗粒土 K_0 随竖向应力的演化规律

1.5.1 正常状态下堆石料 K_0 随竖向应力的演化规律

基于 K_0 试验结果，整理了堆石料所有试样在正常固结状态下（加载阶段）K_0 随竖向应力 σ'_v 变化关系，如图 1-12 中离散点所示。由图 1-12 可以看出，σ'_v 对堆石料的 K_0 有较大影响，各试样 K_0 都随着 σ'_v 增加而减小。在 σ'_v 较小时，试样 K_0 值较大，随着 σ'_v 增大 K_0 急剧减小；σ'_v 大于 1 000 kPa 后，这种趋势变缓。兰德伟（Landva）[55] 城市固体废弃物 K_0 试验结果以及尼尔（Lirer）[56] 砂卵砾石料的 K_0 试验结果都显示了与本书相似的 K_0 系数变化规律，而顾晓强等[57] 和万代厉（Wanatowski）等[43] 对砂土的研究也发现正常固结状态下 K_0 随着竖向应力增大有减小趋势。

图 1-12 表明，K_0 与竖向应力 σ'_v 的关系表现为非线性特征。因此，作者利用 matlab 软件对试验数据进行了深入分析研究，发现在 $\sqrt{\sigma'_v/p_a} \sim K_0\left(\sqrt{\sigma'_v/p_a}\right)+1$ 平面内有良好的线性关系。因此，构造了方程（1-15）来描述堆石料 K_0 与竖向应力 σ'_v 的关系：

$$K_0 = \frac{K_{0\max} + K_{0\min}\sqrt{\dfrac{\sigma'_v}{p_a}}}{\sqrt{\dfrac{\sigma'_v}{p_a}} + 1} \tag{1-15}$$

式中：P_a 为标准大气压强，本书取值 100kPa；$K_{0\max}$ 和 $K_{0\max}$ 为材料参数，其物理意义分别为竖向应力为 0 和 ∞ 时的 K_0 系数。

为验证式（1-15）对堆石料的适用性，利用它对本书堆石料试验数据进行拟合，并将所得拟合曲线绘成（图 1-12）。由图 1-12 可以看出，拟合曲线与试验点吻合度较高。而且数据表明：与对应试验数据相比，式（1-10）预测值误差基本低于 4%，最大误差不超过 8%。显然，式（1-15）能较为准确地描述正常固结状态下堆石料与竖向应力的关系。

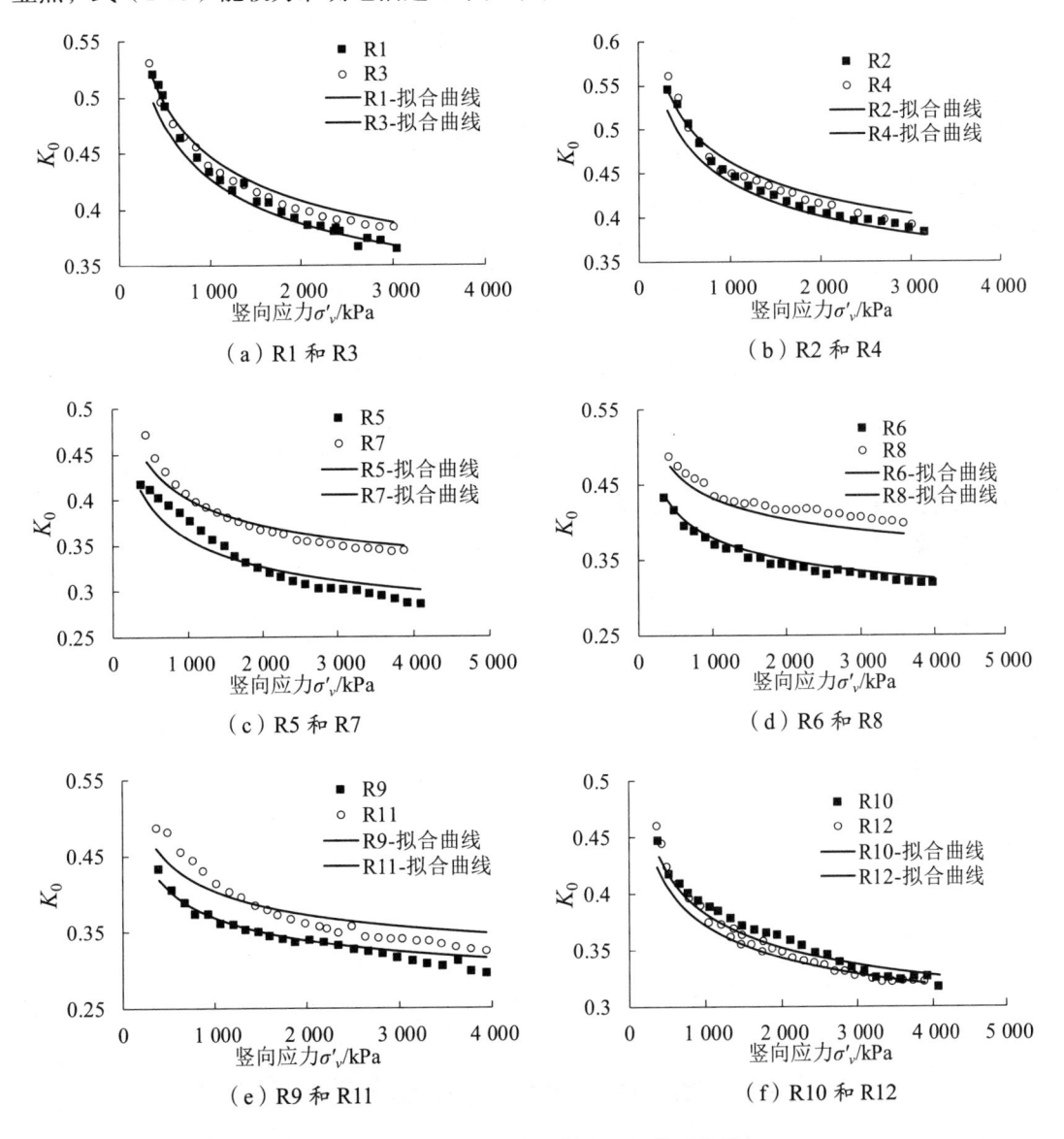

（a）R1 和 R3

（b）R2 和 R4

（c）R5 和 R7

（d）R6 和 R8

（e）R9 和 R11

（f）R10 和 R12

图 1-12 加载阶段堆石料 K_0-σ'_v 关系曲线

(g) R13 和 R15

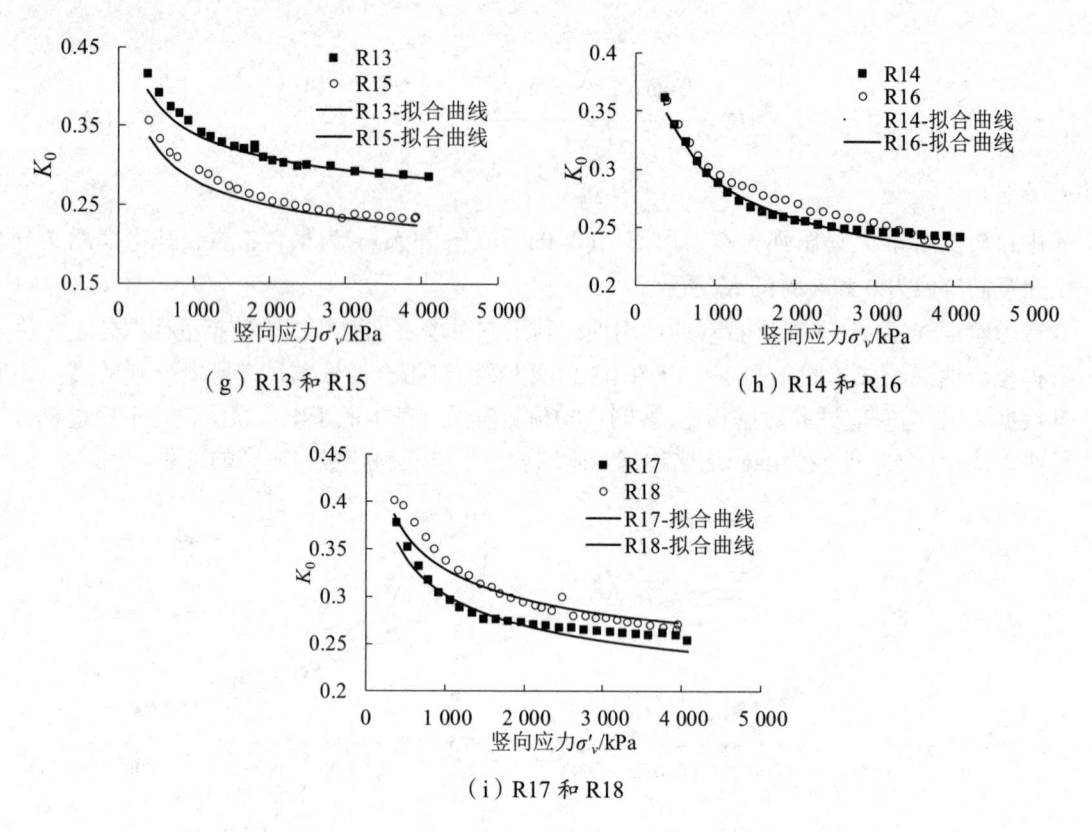

(h) R14 和 R16

(i) R17 和 R18

图 1-12　加载阶段堆石料 K_0-σ'_v 关系曲线（续图）

如表 1-3 所示，是由式（1-15）拟合本书试验结果得到的各替代料参数 $K_{0\max}$ 和 $K_{0\max}$ 及相关系数 R^2。表 1-3 中 R^2 都在 0.94 以上，这进一步说明式（1-15）能较好地反映本书试验中正常固结状态下堆石料 K_0 随竖向应力的演化规律。

表 1-3　各堆石料试样的 $K_{0\max}$、$K_{0\min}$ 以及 R^2

试样编号	R1	R2	R3	R4	R5	R6	R7	R8	R9
$K_{0\max}$	0.948	0.962	0.965	0.986	0.749	0.762	0.773	0.782	0.756
$K_{0\min}$	0.261	0.276	0.283	0.298	0.206	0.230	0.251	0.270	0.243
相关系数 R^2	0.99	0.94	0.95	0.94	0.99	0.98	0.99	0.99	0.95
试样编号	R10	R11	R12	R13	R14	R15	R16	R17	R18
$K_{0\max}$	0.782	0.812	0.76	0.754	0.721	0.708	0.722	0.731	0.75
$K_{0\min}$	0.256	0.274	0.25	0.21	0.164	0.146	0.154	0.166	0.196
相关系数 R^2	0.96	0.99	0.98	0.95	0.99	0.99	0.99	0.97	0.99

1.5.2　超固结状态下堆石料 K_0 随竖向应力的演化规律

如 1.3.2.2 节所述，本书对堆石料试样加载到最大荷载后紧接着进行了逐步卸载试验。

在卸载过程中,本书同时测定了竖向应力和侧向应力,从而计算得卸载过程中各竖向应力下 K_0。由于卸载前的竖向压力 σ'_c 是试样所受的最大压力,卸载过程中的竖向应力一直小于 σ'_c,且本书特意在加载到 σ'_c 后稳压 120 min,根据沈靠山[45]的研究成果,粗粒土主固结大致在 120 min 内完成,因此卸载过程时试样可视为处于超固结状态,σ'_c 可视为先期固结应力。因此,利用卸载过程中试验结果可以研究超固结状态下堆石料 K_0 随竖向应力的演化规律。

事实上,国内外已经有很多学者研究过超固结状态下土体 K_0 随竖向应力的演化规律,通过大量试验,学者们发现在超固结状态下的土体静止侧压力系数 K_{0OC} 与正常固结状态下土体静止侧压力系数 K_{0NC} 可以利用超固结比 OCR 建立关系。因此,对超固结状态下堆石料 K_0 随竖向应力的演化规律的研究可转化为土体 K_0 与 OCR 关系的研究。在现有研究中,一般认为布鲁克(Brooke)等[29]提出的式(1-16)能较好反映土体 K_0 与 OCR 的关系。

$$K_{0OC} = K_{0NC} \times \text{OCR}^n \qquad (1\text{-}16)$$

其中,OCR 为超固结比;K_{0NC} 与 K_{0OC} 分别为正常固结状态以及超固结状态下加载阶段相同竖向应力下土样静止侧压力系数。

虽然式(1-16)已经被许多学者通过试验数据证明适用于砂土以及黏土。但是,式(1-16)没考虑到作用在土样上的竖向应力对 K_0 的影响。为此,作者将式(1-15)与式(1-16)结合,同时,考虑到卸载过程中的竖向应力可由 σ'_c/OCR 表示(其中,σ'_c 为先期固结应力,即卸载前的最大竖向应力),而加载过程中 σ'_c 为即试样所受竖向应力,又因此时 OCR 为 1,因此加载过程中的竖向应力也可由 σ'_c/OCR 表示。从而,任意固结状态下堆石料 K_0 随竖向应力的演化规律可表述成

$$K_0 = \frac{K_{0\max} + K_{0\min}\sqrt{\dfrac{\sigma'_c}{\text{OCR} \cdot p_a}}}{\sqrt{\dfrac{\sigma'_c}{\text{OCR} \cdot p_a}} + 1} \text{OCR}^n \qquad (1\text{-}17)$$

式中:$K_{0\max}$,$K_{0\min}$ 和 n 为材料参数。当 OCR=1,式(1-17)可转换为式(1-15)。

为验证式(1-17)对堆石料的适用性,将本书的卸载阶段堆石料试验数据点用式(1-16)进行拟合,其中,各试样材料参数 $K_{0\max}$ 和 $K_{0\min}$ 已由表 1-3 列出,将式(1-17)得到的各试样拟合曲线以及对应试验数据一起绘成图 1-13。如图 1-13 所示,各试样拟合曲线与对应试验数据点吻合度较高。与对应试验点相比,式(1-17)预测值误差较低,最大误差不到 6%,显然,式(1-17)能较好描述超固结状态下 K_0 与竖向应力的关系。

表 1-4 给出了由式(1-18)拟合堆石料卸载过程试验数据得到的各试样拟合参数 n 及相关系数 R^2。表 1-4 中 R^2 都在 0.97 以上,这进一步说明式(1-17)能较好地反映堆石料超固结状态下 K_0 随竖向应力的演化规律。

显然式(1-17)能较好地反映任意固结状态下堆石料 K_0 随竖向应力的演化规律。因此,科研和工程中可利用式(1-16)来预测任意应力状态和任意固结状态下堆石料 K_0。

（a）R1 和 R3

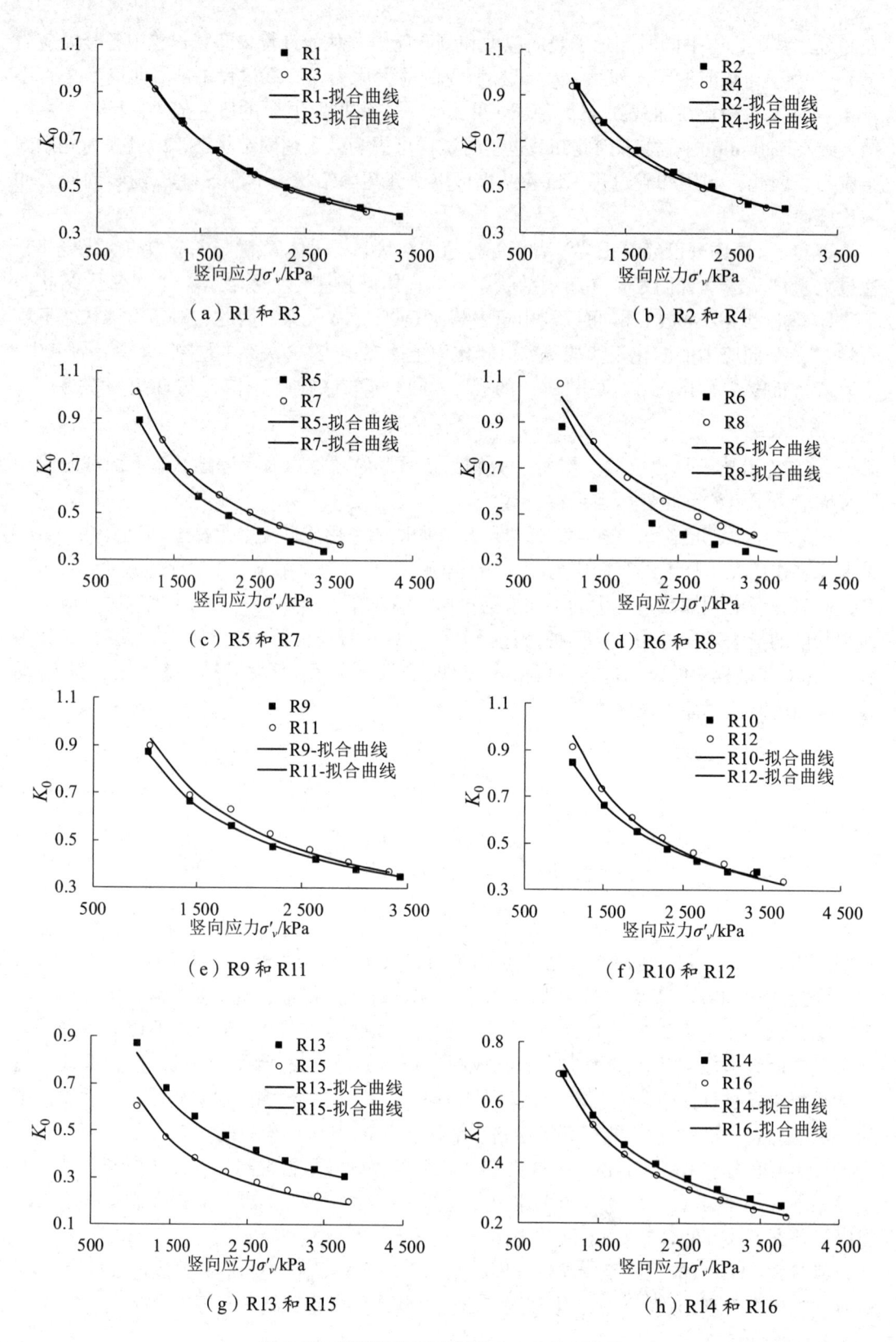

（b）R2 和 R4

（c）R5 和 R7

（d）R6 和 R8

（e）R9 和 R11

（f）R10 和 R12

（g）R13 和 R15

（h）R14 和 R16

图 1-13　卸载状态下堆石料 K_0-σ'_v 关系曲线

（i）R17 和 R18

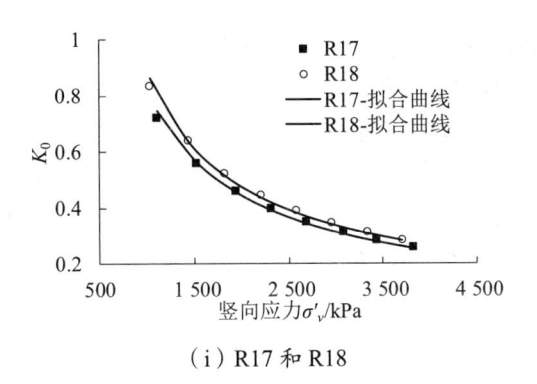

图 1-13　卸载状态下堆石料 K_0-σ'_v 关系曲线（续图）

表 1-4　各堆石料试样的 n

试样编号	R1	R2	R3	R4	R5	R6	R7	R8	R9
n	0.611	0.668	0.675	0.614	0.665	0.698	0.694	0.606	0.76
相关系数 R^2	0.99	0.99	0.99	0.99	0.99	0.99	0.99	0.98	0.99
试样编号	R10	R11	R12	R13	R14	R15	R16	R17	R18
n	0.791	0.724	0.702	0.617	0.658	0.634	0.683	0.71	0.65
相关系数 R^2	0.98	0.9	0.98	0.99	0.99	0.97	0.99	0.99	0.99

1.5.3　任意固结状态下砂卵砾石料 K_0 随竖向应力的演化规律

基于 K_0 试验结果，本书整理了砂卵砾石料所有试样在加卸载过程中 K_0 随竖向应力 σ'_v 变化关系，如图 1-14 中离散点所示。

由图 1-12、图 1-13 及图 1-14 可以看出，砂卵砾石料 K_0 随竖向应力的演化规律与堆石料相似，竖向应力对砂卵砾石料 K_0 也有较大影响，加卸载时砂卵砾石料试样 K_0 都随着竖向应力的增加而减小。在加载期间，在竖向应力较小时，这一减小趋势更为显著，而随着竖向应力增大，特别是竖向应力达到 1 000 kPa 后，K_0 减小趋势趋于缓和。显然，得出能描述正常固结状态下以及超固结状态下砂卵砾石料 K_0 与 σ'_v 关系的公式有重要理论意义。

根据 1.5.2 节，已得到堆石料 K_0-σ'_v 关系式（1-17），由于砂卵砾石料 K_0 随竖向应力的演化规律与堆石料相似，式（1-17）也可能对砂卵砾石料适用，故本节尝试利用 1.3 节中式（1-17）对本书砂卵砾石料试验数据进行拟合，并将所得拟合参数列于表 1-5，所得拟合曲线绘于图 1-14。

由图 1-14 可以看出，拟合曲线与试验点吻合度较高。而且数据表明：式（1-16）预测砂卵砾石料 K_0 值，与对应试验数据点相比，误差基本低于 2%，最大误差不超过 6%。显然，式（1-17）能较好描述砂卵砾石料任意固结状态下 K_0 随竖向应力的演化规律。

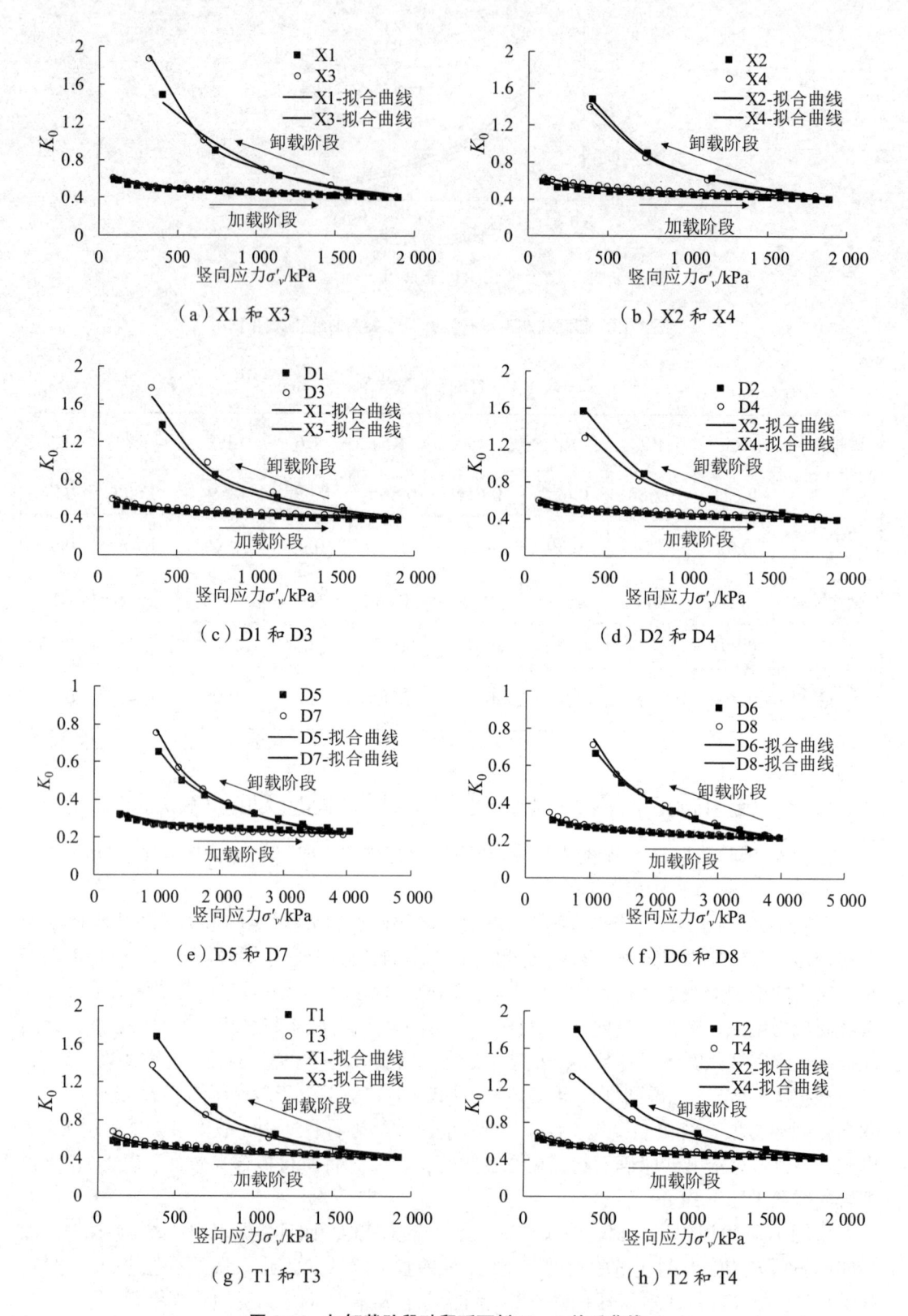

图 1-14 加卸载阶段砂卵砾石料 K_0-σ'_v 关系曲线

（i）S1 和 S3

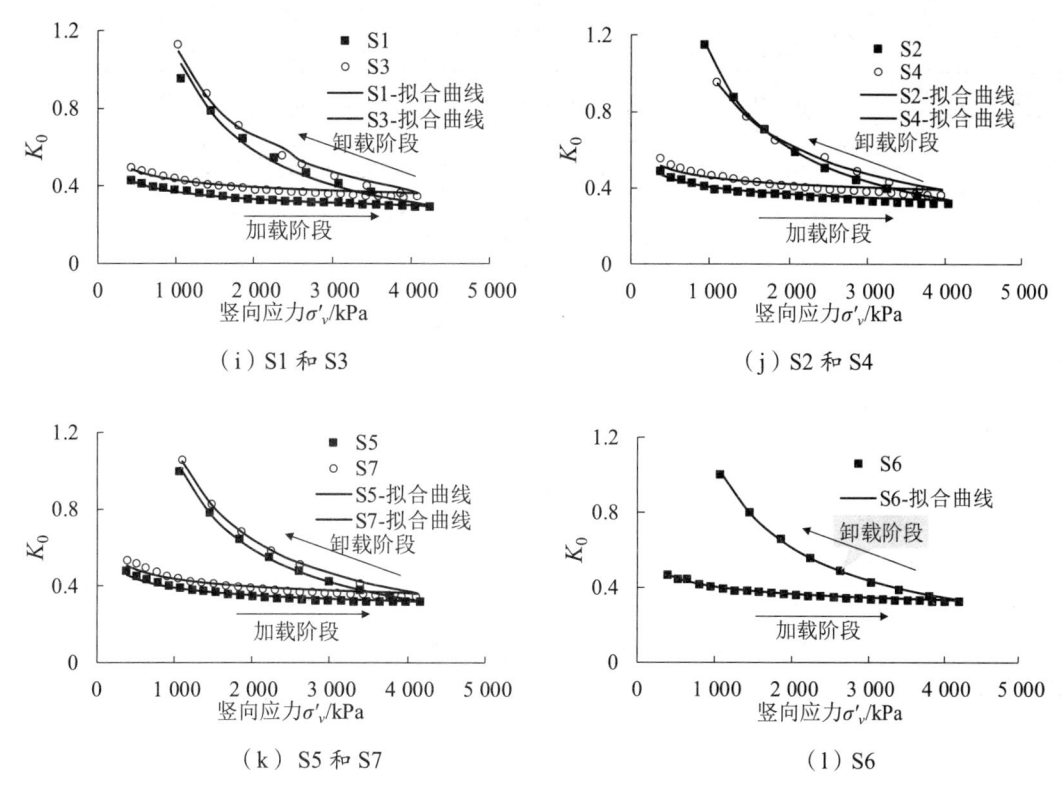

（j）S2 和 S4

（k）S5 和 S7

（l）S6

图 1-14　加卸载阶段砂卵砾石料 K_0-σ'_v 关系曲线（续图）

表 1-5 给出了由式（1-17）拟合本文试验结果得到的各砂卵砾石料试样参数 K_{0max}、K_{0min}、n 及相关系数 R^2。表 1-5 中 R^2 都在 0.94 以上，这进一步说明式（1-17）能较好地反映本书试验中砂卵砾石料 K_0 与竖向应力的关系。

本书已经在 1.5.2 节验证了式（1-17）可以较好地描述堆石料在任意固结状态下 K_0 随竖向应力的演化规律，在这里则进一步验证了式（1-17）可以准确地反映在任意固结状态下砂卵砾石料 K_0 随竖向应力的演化规律。显然，式（1-17）可以准确描述任意固结状态下粗粒土 K_0 与竖向应力的关系。因此，科研和工程中可利用式（1-17）来描述任意固结状态粗粒土 K_0 随竖向应力的演化规律。

表 1-5　各砂卵砾石试样的 K_{0max}、K_{0min}、n 及 R^2

试样编号	X1	X2	X3	X4	D1	D2	D3	D4	T1	T2	T3	T4
K_{0max}	0.861	0.885	0.926	0.97	0.88	0.892	0.914	0.935	0.953	0.972	1.006	1.042
K_{0min}	0.296	0.302	0.313	0.324	0.277	0.284	0.297	0.311	0.291	0.296	0.304	0.312
n	0.794	0.693	0.707	0.621	0.663	0.698	0.68	0.586	0.72	0.699	0.528	0.464
R^2	0.995	0.997	0.996	0.999	0.997	0.994	0.997	0.997	0.975	0.997	0.997	0.998
试样编号	S1	S2	S3	S4	S5	S6	S7	D5	D6	D7	D8	

续表

试样编号	X1	X2	X3	X4	D1	D2	D3	D4	T1	T2	T3	T4
$K_{0\max}$	0.872	0.894	0.912	0.922	0.894	0.922	0.968	0.710	0.700	0.693	0.686	
$K_{0\min}$	0.212	0.252	0.278	0.312	0.234	0.246	0.268	0.150	0.147	0.143	0.138	
n	0.747	0.711	0.653	0.581	0.704	0.684	0.678	0.602	0.681	0.726	0.706	
R^2	0.98	0.98	0.99	0.98	0.99	0.99	0.99	0.99	0.99	0.99	0.99	

1.5.4 竖向应力对粗粒土 K_0 影响机理研究

上文已经得到粗粒土 K_0 随竖向应力演化规律，即正常固结状态下粗粒土 K_0 随竖向应力增大呈减小趋势，且这一趋势随着竖向应力的增大趋于平缓；超固结状态下 K_0 随竖向应力减小而急剧增大。本书在此将分别对在正常固结状态以及超固结状态下竖向应力对粗粒土 K_0 影响机理进行研究分析。

正常固结状态下粗粒土 K_0 随竖向应力增大而减小的原因可解释为，正常固结粗粒土在竖向应力增大时，土体会被进一步压实，此时土体相对密实度 D_r 随之增加。根据 Lee 等[53]以及 Wang 等[54]的研究，土体相对密实度增加会增大土体颗粒连锁效应，而颗粒连锁效应越大，竖向的力链越强，这会导致竖向应力向水平方向传播的程度降低。显然，竖向应力增大会增加正常固结土体相对密实度，由于土体颗粒连锁效应的存在，土体相对密实度增加会导致 K_0 的减小，即竖向应力增大→相对密实度增加→土体颗粒连锁效应增强→竖向应力向水平方向传播的程度降低→ K_0 减小。故而正常固结状态下粗粒土 K_0 随竖向应力的增大而减小。

为进一步分析正常固结状态下竖向应力对粗粒土 K_0 的作用机理，以 S4 为例，本书整理出该试样在加载过程中相对密实度与竖向应力的变化关系曲线，如图 1-15 所示。

图 1-15 可以看出，在加载过程中相对密实度随竖向应力增大而增大，且大致分为两个阶段，在竖向应力 <1 000 kPa 时，相对密实度与竖向应力成比例增加，且斜率大致为 2×10^{-5}。在竖向应力 > 1 000 kPa 时，相对密实度与竖向应力成比例增加，且斜率大致为 7×10^{-6}，其他试样的相对密实度与竖向应力的变化曲线大致与图 1-15 类似，为节约篇幅，本书不再一一列出。这说明对于粗粒土来说，竖向应力对土料相对密实度的影响存在阈值（本书称为压实阈值），在竖向应力达到压实阈值之后，由于土体已经被压实到一定程度，此时相对密实度随竖向应力的增大趋势会减缓。对于刚受力的粗粒土来说，竖向应力增大→相对密实度增加→土体颗粒连锁效应增强→竖向应力向水平方向传播的程度降低→ K_0 减小。而当竖向应力达到压实阈值之后，竖向应力增大→相对密实度增大趋势减缓→土体颗粒连锁效应增强程度减小→竖向应力向水平方向传播程度的降低幅度减小→ K_0 减小趋势趋于缓和。故而正常固结状态下粗粒土 K_0 随竖向应力的增大而减小，而这一减小趋势随着竖向应力的增大趋于平缓。

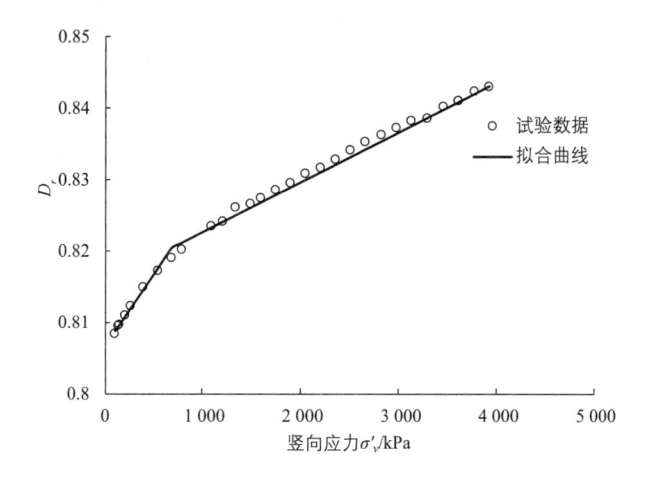

图 1-15　堆石料 S47 σ'_v–D_r 关系曲线

至于出现超固结状态下粗粒土 K_0 随着竖向应力的减小而显著增大这一现象的原因，根据 Wang[43] 的研究，可能是因为正常固结状态下土体受力后会产生压缩，此时土体的压缩量中有一部分为塑性变形，这部分变形会导致部分水平应力在土体压实过程中保持不变，即使移除部分或者全部作用在土体上的竖向应力，这部分已经"锁定"的水平应力也不会消失。故而，在超固结状态下，随着竖向应力不断减小，粗粒土 K_0 逐渐增大。

1.6　小结

（1）本章介绍了一个大型 K_0 测试系统，介绍了该仪器的总体结构以及工作原理，分析试验误差来源，发现主要误差来源是试样侧向变形及侧壁摩擦力。基于广义胡克定律，探讨了试样侧向变形对试验结果的影响，发现试样侧向变形引起的误差可以忽略不计；由于侧壁摩擦力引起误差较大，因此，本书在前人的研究基础上，提出了修正侧壁摩擦力影响的方法。最后，通过与常规 K_0 仪的标准砂试验结果进行对比，验证了大型 K_0 测试系统试验结果的可靠性。

（2）正常固结状态下，作用在土体上竖向应力会对粗粒料 K_0 产生较大影响，随着竖向应力的增大，粗粒料 K_0 呈减小趋势，而随着竖向应力进一步增大，K_0 减小趋势趋于平缓；超固结状态下，作用在土体上竖向应力以及超固结比会对粗粒料 K_0 产生较大影响，随着竖向应力减小，超固结比增大，粗粒料 K_0 逐渐增大。

（3）基于堆石料试验数据，本书提出了一个 K_0-σ'_v 关系式，并利用该关系式对本书砂卵砾石料试验数据进行拟合，从而对该关系式的准确性及合理性进行验证。拟合结果表明该关系式能较好地反映任意固结状态下粗粒料的 K_0 随竖向应力的演化规律。因此，科研和工程中可利用该关系来描述任意固结状态粗粒料 K_0 随竖向应力的演化规律。

（4）本章研究并得到了正常固结状态下土体 K_0 随竖向应力增大呈减小趋势的原因，即竖向应力增大→相对密实度增加→土体颗粒连锁效应增强→竖向应力向水平方向传播的程度降低→ K_0 减小。同时也分析了这一减小趋势随竖向应力的进一步增大而趋于平缓的原因，即竖向应力达到压实阈值→竖向应力增大→相对密实度增大趋势减缓→土体颗粒连锁效应增强程度减小→竖向应力向水平方向传播程度的降低幅度减小→K_0减小趋势趋于缓和。

（5）研究了超固结状态下土体K_0随竖向应力减小而急剧增大的原因，即正常固结状态下土体的压缩量中包括一部分塑性变形，这部分塑性变形导致部分水平应力在土体卸载过程中保持不变，从而导致土体K_0随竖向应力减小而急剧增大。

参考文献

［1］ 汝乃华，牛运光. 大坝事故与安全 土石坝 [M]. 北京：中国水利水电出版社，2001.

［2］ 贺如平. 瀑布沟高土石坝防渗体土料试验研究 [D]. 武汉：武汉大学，2003.

［3］ 日本土质工学会粗粒料的现场压实编撰委员会. 粗粒料的现场压实 [M]. 中国水利水电出版社，1999.

［4］ Ayers D P Moisture and Density Effects on Soil Shear Strength Parameters for Coarse Grained Soils[J]. Transactions of the ASAE，1987, 30（5）：1282-1287.

［5］ Maksimovic M. Nonlinear Failure Envelope for Coarse-Grained Soils[C]. Proceedings of the International Conference on Soil Mechanics and Foundation Engineering，1989, 1：731-734.

［6］ JoviČIĆV, Coop R.M. Stiffness of Coarse-Grained Soils at Small Strains[J]. Geotechnique，1997, 47（3）：545-561.

［7］ 刘萌成,高玉峰,刘汉龙,等. 粗粒料大三轴试验研究进展 [J]. 岩土力学,2002,23(2)：217-221.

［8］ 贾革续. 粗粒土工程特性的试验研究 [D]. 大连：大连理工大学，2003.

［9］ 张嘎，张建民. 粗颗粒土的应力应变特性及其数学描述研究 [J]. 岩土力学，2004,25（10）：1587-1591.

［10］ 张丙印，李全明. 大型压缩试验在堆石坝应力变形分析中的应用 [J]. 水利学报，2004,（9）：38-43.

［11］ 谢婉丽，王家鼎，张林洪. 土石粗粒料的强度和变形特性的试验研究 [J]. 岩石力学与工程学报，2005, 24（3）：430-437.

［12］ 魏松，朱俊高. 粗粒土料湿化变形三轴试验研究 [J]. 岩土力学，2007, 28（8）：1609-1614.

［13］ 邹德高，孟凡伟，孔宪京，徐斌. 堆石料残余变形特性研究 [J]. 岩土工程学报，2008，30（6）：807-812.

［14］ 朱俊高,王元龙,贾华,等. 粗粒土回弹特性试验研究 [J]. 岩土工程学报,2011,33(6)：950-954.

［15］ 曹光栩，徐明，宋二祥. 反映粗粒料应力路径相关性的一种应变硬化模型 [J]. 工程力学，2013, 30（4）：83-88.

［16］ 张超，杨春和. 粗粒料强度准则与排土场稳定性研究 [J]. 岩土力学，2014（3）：641-646.

[17] 杨贵，许建宝，刘昆林. 粗粒料颗粒破碎数值模拟研究[J]. 岩土力学，2015（11）：3301-3306.

[18] 凌华，傅华，韩华强. 粗粒土强度和变形的级配影响试验研究[J]. 岩土工程学报，2017, 39（s1）：12-16.

[19] 姜景山，程展林，左永振，等. 干密度对粗粒料力学特性的影响[J]. 岩土力学，2018（2）：507-514.

[20] Vinson S T, Jahn, L S. Latent Heat of Frozen Saline Coarse-Grained Soil[J]. Journal of Geotechnical Engineering, 1985, 111（5）：607-623.

[21] Massarsc R K, Fellenius H B. Vibratory Compaction of Coarse-Grained Soils[J]. Canadian Geotechnical Journal, 2002, 39（3）：695-709.

[22] Indrawan IGB, Rahardjo H, Leong EC. Effects of Coarse-grained Materials on Properties of Residual soil[J]. Engireering Geology, 2006, 82（3）：154-164.

[23] Hu W, Dano C, Hicher P Y, et al. Effect of Sample Size on the Behavior of Granular Materials[J]. Geotechnical Testing Journal, 2011, 34（3）.

[24] Ovalle C, Frossard E, Dano C, et al. The effect of size on the strength of coarse rock aggregates and large rockfill samples through experimental data[J]. Acta Mechanica, 2014, 225（8）：2199-2216.

[25] Alonso E E, Tapias M, Gili J. A particle model for rockfill behaviour[J]. Géotechnique, 2015, 65（12）：1-20.

[26] Frossard E, Dano C, Hu W, et al. Rockfill shear strength evaluation：a rational method based on size effects［J］. Géotechnique, 2017, 62（5）：415-427.

[27] TerzaghiK.Old Earth Pressure Theories and New Test Results［J］. Engineering News Record, 1920, 85（14）：632-637

[28] Komornik A, Zeitlen JG. An Apparatus for Measuring Lateral Soil Swelling Pressure in the Laboratory[C]. Proceedings of the 6th International Conference for Soil Mechanics and Foundation Engineering, 1965, 1：278-281.

[29] Brooker EQ, Ireland HO., Earth Pressure At - Rest Related to Stress History[J], Canadian Geotechnical Journal, 1965, 2（1）：1-15.

[30] Abdelhamid S, Krizek RJ.At -Rest Lateral Earth Pressure of Consolidation Clay[J].Proc. ASCE, Journal of the Geotechnical Engineering Division, 1976, 102（7）：721-738.

[31] Yamamuro J A. One-dimensional Compression of Sands at High Pressures[J]. Journal of Geotechnical Engineering, 1996, 122（2）：147-154.

[32] Lirer S, Flora A, Nicotera M V. Some Remarks on the Coefficient of Earth Pressure at Rest in Compacted Sandy Gravel[J]. Acta Geotechnica, 2011, 6（1）：1-12.

[33] 赵玉花，沈日庚，李青. 软黏土侧压力系数 K_0 阶段性特征研究[J]. 岩土力学，2008, 29（5），1264-1268.

[34] 肖先波. 含气砂土静止侧压力系数的试验研究[J]. 水文地质工程地质，2010, 37（2）：76-78.

[35] 罗耀武，凌道盛. 土体 K_0 加卸载过程中水平应力变化研究 [J]. 工业建筑，2010，40（7）：56-58.

[36] 李国维，胡坚，陆小岑，等. 超固结软黏土一维蠕变次固结系数与侧压力系数 [J]. 岩土工程学报，2012，34（12）：2198-2205.

[37] 莫玮宏，陈晓平，罗庆姿. K_0 等比固结条件下软土的变形 [J]. 岩土工程学报，2013，35 增（2）：798-803.

[38] Bishop AW, Henkel DJ. The Measurement of Soil Properties in the Triaxial Test[M], Edward Arnold Ltd. 1957：71-73.

[39] 姜朴，方涤华，宋永祥，等. K_0 固结三轴仪的研制与试验研究 [J]. 岩土工程学报，1991，13（3）：43-52.

[40] 袁聚云，杨熙章，赵锡宏，等. K_0 固结真三轴仪的研制及试验研究 [J]. 大坝观测与土工测试，1995，19（3）：28-32.

[41] Chu J, Leong W K. Pre-failure Strain Softening and Pre-failure Instability of Sand：a Comparative Study[J]. Géotechnique，2001，51（4）：311-321.

[42] Chu J, Gan C L. Effect of Ratio on K_0 of loose Sand[J], Geotechnique，2004，54（4）：285-288.

[43] Wanatowski D, Chu J, Gan C L. Compressibility of Changi sand in K_0 Consolidation[J]. Geomechanics & Engineering，2009，1（3）：241-257.

[44] 程海涛，刘保健，谢永利. 压实黄土连续加载 K_0 固结特性 [J]. 岩石力学与工程学报，2007 增（S1）：3203-3208.

[45] 沈靠山. 覆盖层砂卵砾石料静止侧压力系数研究 [D]. 南京：河海大学，2009.

[46] Wang Y H, Gao Y. Experimental and DEM Examinations of K-0 in Sand under Different Loading Conditions[J]. Journal of Geotechnical & Geoenvironmental Engineering，2014，140（5）.

[47] Brooker E W, Ireland H O. Earth Pressures at Rest Related to Stress History[J]. Canadian Geotechnical Journal，1965，2（1）：1-15.

[48] Simpson B. Retaining Structures：Displacement and Design[J]. Géotechnique，1992，42（4）：541-576.

[49] Sarma S K, Tan D. Determination of Critical Slip Surface in Slope Analysis[J]. Géotechnique，2002，56（8）：539-550.

[50] Hughes D, Gallagher G, Sivakumar V, et al. An assessment of the earth pressure coefficient in overconsolidated clays[J]. Géotechnique，2009，59（59）：825-838.

[51] Hayashi H, Yamazoe N, Mitachi T, et al. Coefficient of earth pressure at rest for normally and overconsolidated peat ground in Hokkaido area[J]. Soils & Foundations，2012，52（2）：299-311.

[52] Gao Y, Wang Y H. Calibration of tactile pressure sensors for measuring stress in soils[J]. Geotechnical Testing Journal，2013，36（4）：1-7.

[53] Lee J, Lee D, Park D. Experimental investigation on the coefficient of lateral earth

pressure at rest of silty sands[J]. Effect of Fines. Geotechnical Testing Journal, 2014, 37（6）: 967-979.

［54］Wang JJ, Yang Y., Bai J., et al. Coefficient of earth pressure at rest of a saturated artificially mixed soil from oedometer tests[J]. KSCE Journal of Civil Engineering, 2017（1）: 1-9.

［55］Landva A O, Valsangkar A J, Pelkey S G. Lateral earth pressure at rest and compressibility of municipal solid. [J]. Canadian Geotechnical Journal, 2000, 37（6）: 1157-1165.

［56］Lirer S, Flora A, Nicotera M V. Some remarks on the coefficient of earth pressure at rest in compacted sandy gravel [J]. Acta Geotechnica, 2011, 6（1）: 1-12.

［57］Gu X, Hu J, Huang M. K_0 of granular soils: a particulate approach [J]. Granular Matter, 2015, 17（6）: 703-715.

［58］王秀艳, 唐益群, 臧逸中, 等. 深层土侧向应力的试验研究及新认识 [J]. 岩土工程学报, 2007, 29（3）: 430–435.

［59］赵玉花, 沈日庚, 李青. 软黏土侧压力系数 K_0 阶段性特征研究 [J]. 岩土力学, 2008, 29（5）: 1 264–1 268.

［60］刘清秉, 吴云刚, 项伟, 等. K_0 及三轴应力状态下压实膨胀土膨胀模型研究 [J]. 岩土力学, 2016, 37（10）: 2795-2802.

［61］Komornik A, Zeitten J G. Laboratory determination of lateral and vertical stresses in compacted swelling clay[J]. Journal of Materials, 1970, 5（1）: 108 — 128.

［62］陈存礼, 贾亚军, 金娟, 等. 含水率及应力对原状黄土静止侧压力系数的影响 [J]. 岩石力学与工程学报, 2017, 36（S1）: 3535-3542.

［63］金松丽, 赵卫全, 张爱军, 等. 原状黄土增湿过程中的静止土压力系数变化规律试验研究 [J]. 工程科学与技术, 2017, 49（05）: 63-70.

［64］Kjellman W. Reports on an apparatus for consummate investigation of mechanical properties of soils [J]. Proc. 1st Int. Conf. on Soil Menchanics and Foundaation Engineering, Cambridge, Mass., 1936（2）: 16-20.

［65］Kjellman W. Jakobson B. Some relationships between stress and strain in coarse-grained cohesionless materials [J]. Proc. The Rpyal Swedish Geotechnical Institute, 1955, 9, Stockholm.

［66］Fraser A.M . The influence of stress ratio on compressibility and pore pressure coefficients in compacted soils [D]. Ph.D. thesis, University of London, 1957.

［67］Hendron A J J. The behavior of sand in one-dimensional compression PH.D.thesis University of illinos, 1963.

［68］Schmidt B. Discussion of "Earth Pressure at Rest Related to Stress History" [J]. Canadian Geotechnical Journal, 1966（3）.

［69］Alpan I. The empirical evaluation of the coefficient k0 and k0R [J]. Soils & Foundations, 1967, 7（1）: 31-40.

[70] Leslie T Y, N. T C. Lateral stress in sands during cyclic loading[J]. Journal of Geotechnical Engineering Division, 1975, 101（2）.

[71] Meyerhof, George G. Bearing capacity and settlement of pile foundation [J].Geotech. Engng Div., ASCE 1976, 102（GT3）: 197-228.

[72] Simpson B, Calabresi G, Sommer H, et al. Design parameters for stiff clays[C]// European Conference on Soil Mechanics and Foundation Engineering. 1981.

第 2 章 隧道结构健康检测技术及发展趋势

近年来，我国交通建设事业发展迅速，技术水平不断提高，山岭长大隧道、深水海底隧道不断涌现，特别是在不良地质以及复杂环境条件下的隧道建设取得了令人瞩目的成就。施工及运营管理技术不断提升，运营服务不断完善。截至 2020 年底，我国投入运营铁路隧道 16 798 座，总长 19 630 km；在建铁路隧道 2 746 座，总长约 6 083 km；规划铁路隧道 6 395 座，总长 16 325 km。运营、在建和规划中的铁路隧道均居世界首位，目前中国已经成为全球发展最快的隧道建设市场，中国的隧道建设技术总体上已达到世界先进水平[1], [2]。

我国铁路隧道、公路隧道、城市道路隧道、地铁隧道等建设和运营规模庞大，隧道所处地质与水文条件极为复杂。由于设计不当、施工不规范、管理不严格及材料自身缺陷等原因，隧道在建设和运营过程中易形成质量缺陷，并在内外因素耦合作用下发展成为隧道病害，威胁行车安全，降低隧道使用寿命。检测作为运营期隧道状态信息获取的最主要方式，是发现隧道安全隐患、评估隧道服役性能、制订养护维修策略的基础，对保障隧道运营安全至关重要。与此同时，随着人工智能技术、大数据存储技术、传感器技术及机器视觉技术的发展，具有高精度、高效率、全自动、全功能的隧道智能快速检测与分析系统亟待开发与应用，以满足未来隧道结构安全发展的需求。

本章将从隧道结构健康检测项目及要求、方法及原理、发展状况、发展趋势和工程应用案例几个方面来介绍隧道结构健康检测技术。

2.1 隧道结构健康检测项目及要求

隧道结构的检测是针对隧道表面和内部进行的，主要检测隧道表面和内部是否存在破损、裂缝、脱落等问题，目的是探查隧道结构中是否存在缺陷和损伤以及缺陷损伤达到的程度，随后根据检测结果研究是否需要采取相应的措施对隧道进行维护修缮。针对公路隧道、铁路隧道、地铁隧道等不同类型的隧道，行业及各省分别制订了相关标准，其目的是确保隧道结构安全可靠。本节介绍隧道结构健康检测需要完成的项目及相应的检测要求。

2.1.1 检测项目

运营隧道结构完整性的检测项目包括裂缝、剥落、空洞、仰拱或铺底裂损、隧底上拱、渗漏水，接下来对每个隧道病害进行详述。

2.1.1.1 裂缝

裂缝往往是多种因素相互作用导致的一种隧道衬砌病害。隧道所处位置的地质条件、施工质量的控制、外力的作用（如地震、洪水、山体滑坡）及运营过程中长期荷载情况等都会在一定程度上导致隧道产生裂缝，隧道裂缝如图 2-1 所示。

（1）地质条件：隧道埋深处地质构造、围岩的性质、地下水位条件等对于隧道的稳定性有着重要的影响。例如在岩层脆弱、地下水涌入的情况下隧道衬砌就容易出现裂缝。

（2）施工质量：施工过程中失误或不合理的施工方法可能导致隧道衬砌的强度达不到设计预期，引起隧道结构的变形或应力集中，最终会导致隧道产生裂缝。

（3）外力作用：外力作用指的是突发情况对于隧道的影响，例如地震、山体滑坡、洪水等自然灾害，同时包括隧道可能出现的车辆撞击、爆炸等人为或意外因素。

（4）长期运营：隧道在长期的运营过程中会受到长期的荷载和环境变化的影响，如车流、温度变化、地下水位的波动等。隧道衬砌多采用混凝土材料，混凝土是一种抗拉性能很弱的材料，当运营中隧道所受到的拉应力超过混凝土的抗拉承载力的时候，衬砌就有可能产生开裂，例如温度的升降会导致衬砌混凝土胀缩，当温度变化导致混凝土产生拉应力过大时，衬砌就有可能开裂。此外，材料力学性能在复杂环境中的劣化也可能导致隧道承载力不足，致使结构开裂。

图 2-1 隧道裂缝

2.1.1.2 剥落

剥落和裂缝的产生往往是同时出现的，不同的是裂缝可能从结构内部开始出现，进而延伸至隧道表面，而剥落仅发生在隧道的表面。一般情况下，当隧道衬砌产生裂缝时，衬砌表面的裂缝周围有可能出现因衬砌开裂而产生的衬砌剥落。由此可见，能够引发隧道衬砌产生裂缝的因素很有可能会导致隧道衬砌剥落的发生，但衬砌剥落与衬砌开裂非同一类衬砌病害，引起隧道衬砌剥落的因素也是不同的。隧道衬砌表面剥落现象如图 2-2 所示。

图 2-2 隧道剥落

（1）车辆振动：隧道在运营的过程中会有庞大的车流量，长期的车辆在隧道中产生的振动、冲击会导致隧道结构产生疲劳，进而导致隧道表面产生剥落。对于装配式衬砌隧道，车辆振动会致使这一病害更为突出。

（2）环境因素：如果隧道长期处于潮湿状态，隧道衬砌材料会劣化，进而产生剥落。此外地面交通循环荷载、临近隧道施工扰动、地下水酸碱度等外部环境因素也会导致衬砌剥落。

（3）施工因素：隧道衬砌施工过程中混凝土浇筑质量控制不当、施工冷缝、养护不当、材料质量问题等均可能成为运营期隧道剥落的潜在因素。对于装配式隧道而言，运输颠簸、吊装碰撞裂损、千斤顶压力过大或偏心是衬砌剥落产生的重要因素。

2.1.1.3 空洞

衬砌背后产生空洞是隧道衬砌常见的一种病害（图2-3）。产生空洞的原因比较复杂，可以概括为以下几点。

（1）施工质量：对超挖未按规范进行施工回填；衬砌时拱顶灌注混凝土不饱满，振捣不够；泵送混凝土在输送管远端由于压力损失、坡度等原因造成空洞；防水板挂设松弛度控制不到位。以上几种原因都有可能导致隧道结构内部产生空洞。

（2）材料缺陷：当使用的衬砌材料存在质量问题时，如混凝土掺合料配比不合理、含有过多的气泡或夹杂物等，衬砌空洞也容易形成。

（3）水压作用：如果在隧道施工过程中未有效控制水流，造成渗水和水压，会使混凝土表面产生空洞。

（4）地质条件：地下岩层的不均匀性、裂隙、软弱层等地质条件也会引发衬砌空洞。

（5）设计问题：设计方案不适用于隧道所处的地质条件，衬砌结构的设计和施工方案不合理，如过度薄弱的衬砌厚度、缺乏足够的支护措施等，也可能导致衬砌空洞。

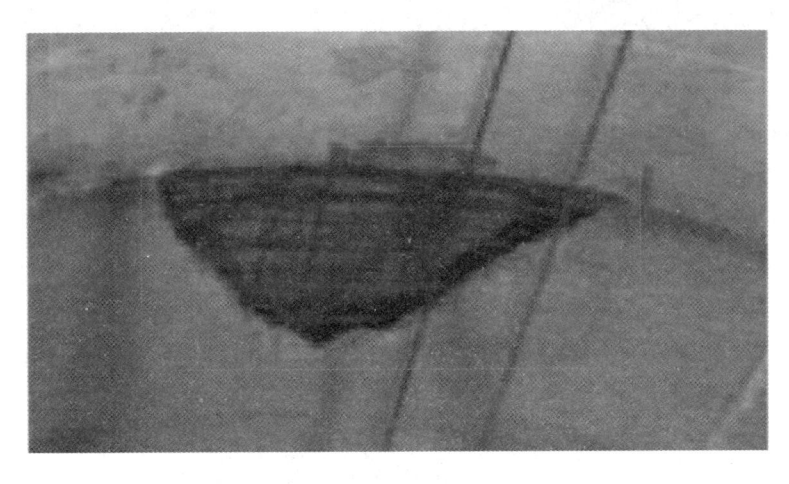

图 2-3 隧道空洞

2.1.1.4 仰拱或铺底裂损

仰拱是隧道顶部的弯曲结构，铺底是隧道底部的水平结构，两者经常承受来自地面和上部结构的压力。以下因素可能单独或综合作用于仰拱或铺底，导致其产生裂损现象。

（1）荷载作用：隧道结构在使用过程中会承受来自上部土体、交通、地震等荷载的作用，如果设计不合理或荷载超过结构的承载能力，可能导致仰拱或铺底发生裂损。

（2）地下水位变动：地下水位的上升、下降或周期性变化可引起土体的饱和度变化，产生不均匀的水压分布，导致仰拱或铺底产生应力集中和裂缝。

（3）地表活动：地质活动，如地震、地表沉降、冻融循环等，会对隧道结构施加额外荷载和振动，导致仰拱或铺底产生应力和变形，甚至裂损。

（4）材料和施工质量：仰拱或铺底材料的质量问题，如配料比例不当、强度不足，或者施工过程中振捣不充分、养护不当，都可能导致其出现裂损。

2.1.1.5 隧底上拱

隧底上拱依据破坏力学特征分类，一般可分为 5 种基本类型：挤压流动型隧底上拱、遇水膨胀型隧底上拱、挠曲褶皱型隧底上拱、剪切错动型隧底上拱和地下水压力型隧底上拱。

（1）挤压流动型隧底上拱：主要发生在隧底为软弱破碎岩体的岩层，两帮和顶板的强度远大于底板岩体强度，在两帮岩柱的作用下，底板软弱破碎岩体挤压流动到隧道内，引发上拱病害。

（2）遇水膨胀型隧底上拱：膨胀岩中含有大量亲水性黏土矿物时，遇水后会膨胀和软化，体积迅速增大，导致隧底上拱。

（3）剪切错动型隧底上拱：主要发生在较厚的整体性岩层，在高地应力的作用下，在隧底处发生剪切破坏而形成楔块岩体，并在水平应力挤压下产生错动而使底板上拱。

（4）挠曲褶皱型隧底上拱：通常发生在隧道底板为层状岩体，其隧底上拱的机制是在平行层理方向的应力作用下，隧底岩层由于受压失稳向隧道内产生挠曲褶皱。

（5）地下水压力型隧底上拱：当隧底存在积水且水头较高时，积水会致使隧底结构长期承受较高的水压力，加上列车循环动荷载耦合作用，导致隧底结构变形或破坏而引起上拱。

2.1.1.6 渗漏水

隧道渗水、漏水的情况在一些运营中的隧道能够见到（图2-4），导致隧道渗漏水的原因主要有以下几点。

（1）地下水位：如隧道所处地区地下水位较高，可能会通过地下岩体或土体的缝隙、裂缝渗入隧道内部，导致渗漏问题。

（2）降雨和地表径流：在降雨期间，地表径流水可能会渗入隧道，尤其是在隧道入口附近。如果排水系统不畅通或设计不当，也可能导致渗漏问题。

（3）地质构造：地质变形、断裂带、褶皱等地质构造问题可能导致隧道周围的岩层破裂或变形，从而引起渗漏水。

（4）隧道结构：隧道本身的施工质量、设计问题或老化损坏等因素也可能导致渗漏问题。例如，隧道衬砌开裂、接缝失效或密封材料老化等情况都可能使水渗入隧道。

（5）周边工程活动：周边地区的建筑工程、地铁施工、地下管线施工等活动可能对隧道造成振动或改变地下水流动路径，导致渗漏问题。

（a）隧道渗水 　　　　　　　　　　（b）隧道漏水

图 2-4　隧道渗漏水

2.1.2　检测要求

对运营隧道进行结构健康检测并进行健康评定需要依据相关标准。根据中华人民共和国住房和城乡建设部颁布并于2019年5月1日实施的规范《城市轨道交通隧道结构养护技术标准》，在隧道运营期间，需根据隧道的实际情况，对以上项目进行初始检查、日常检查、定期检查、特殊检查或专项检查，得到检查结果之后进行相应的健康评定。

不同隧道类型、不同检查项目的健康评定结果可参考《城市轨道交通隧道结构养护技术标准》（编号[J]/T289-2018）第5节"隧道结构健康度评定"的内容，本书在此处不再进行叙述。

2.2　隧道结构健康检测方法及其原理

由于施工质量缺陷、外部扰动、车辆振动、自然环境、火灾等因素的影响，以及材料自身性能的不断退化，很多隧道结构在还未达到设计年限就产生了不同程度的损伤和劣化。

而隧道检测成了确保隧道安全的重要基础性工作。

隧道安全性检测技术多种多样,按照检测形式和功能不同,可分为人工肉眼巡查、仪器设备检测技术、传感器检测技术及机器检测技术。

人工肉眼巡查是隧道检测中应用较广泛的传统检测方法,也是目前我国隧道结构安全巡查的主要方式,通常依靠人的肉眼区发现隧道结构损伤,并借助简单的测量仪器去量化,例如裂缝宽度测量仪、游标卡尺等。然而人工检测存在诸多问题。首先,为了满足列车运营安全需要,运营方每天需要组织大量人员进行安全巡检。其次,隧道内作业环境较差,且具有危险性。隧道内的粉尘、有害气体、无自然光等因素不利于作业人员的身体健康。对于一些隧道拱顶的损伤,检测人员需要爬上脚手架去测量,这对检测人员的生命安全构成了威胁。最后,人工检测方法所得到的检测结果具有主观性和不可靠性。由于传统种方法的劳动力大,具有危害性以及结果不准确性,我们迫切需要研发新的隧道检测系统来完善隧道检测方法。

仪器设备检测技术主要依靠专业的检测设备对隧道结构局部进行检测。检测方法主要包括强度方法、超声波法、磁方法、电方法、热成像法、雷达方法、射线照相法和内镜检查方法等。基于强度的检测技术主要是通过回弹和渗透性试验来测量结构表面强度,并提供结构抗压强度、均匀性及结构质量结果。主要检测技术包括回弹仪、温莎探测针、平板千斤顶测试及非接触检测方法。声波检测方法又称为冲击回波试验,通过锤击产生脉冲波,通过探头接受反射声波,从而进行测量。声波传播时间与材料组成、密实度、弹性模量密切相关。电磁检测技术主要用于确定混凝土结构内钢筋的位置。钢筋保护层厚度不足会引起钢筋的腐蚀。这种方法在钢筋腐蚀控制中用来定位钢筋的位置是非常有意义的。隧道内结构构件的电检测技术主要包括电阻和电位检测。电阻检测主要是用于检测构件密封层渗透性和钢筋与表面之间的电阻,而电位检测主要是测量由钢筋腐蚀引起的电位差值。热成像检测技术主要是依靠红外线成像仪发出的热辐射来获取结构表面的温度分布。通过热成像的不连续性来反映结构内的异常情况。雷达检测技术已被广泛地应用于隧道结构缺陷检测,最常用的是探地雷达检测设备。探地雷达能显示声波与超声脉冲回波的电磁模拟。其原理是电磁波能在不同介电常数的材料中传播。两种材料的截面的介电常数差异越大,界面处的电磁反射能量越大。射线检测技术主要是利用 X 射线、γ 射线或中子射线可穿透结构材料的特性来检测结构内部损伤。材料吸收辐射能主要取决于材料密度和厚度,穿过的辐射可以在设备显示屏内查看。但这种方法的使用是有一定限定条件的,例如物体尺寸和接触性、结构暴露时间和人员安全防护。内镜检测技术是采用可弯曲的刚性观察管,通过钻孔对结构内的缺陷进行检测的方法。内镜检测大多采用玻璃纤维观测管,光线可以通过折射棱镜观察结构内部状况。这类方法一般适用于对结构材料微损坏程度检测要求较高的情况。上述仪器设备检测技术主要是针对隧道结构局部情况进行检测,检测效率较低,检测工作量很大,且检测结果受到检测人员认知和误差的影响,此外,隧道内检测作业环境对检测人员危害较大。

对运营隧道进行检查的目的是检查一个已经运行多年的结构是否仍然安全。对于运营中的隧道,对其进行检查这一活动应尽量不会对结构或构件造成任何负面影响,最好不会对其正常运行造成影响。正因为如此,无损检测方法比破坏性方法更常用也更实用,隧道检测技术的发展趋势是无损检测方法。隧道中最常见的材料是混凝土，最常见的结构是钢筋混凝土结构。对钢筋混凝土结构采用的无损检测方法一般可归纳为以下几种：基于视觉技术、基于强度、声波和超声波、金属磁记忆、电阻和电位、热成像、地质雷达、射线、内窥镜和激光扫描等。

2.2.1 基于视觉检测法

所谓基于视觉的检查方法对隧道结构进行检测，无疑是通过观察，其中包括肉眼观察和机器拍摄。

肉眼观察即由工作人员亲自进到隧道内部，使用肉眼对隧道表面进行目视检查，观察隧道表面是否有裂隙、破损、渗漏水等问题，并做好相关记录。这种检查方法与检查人员有着较大的关系，可靠度得不到保障，并且效率比较低。

机器拍摄的方法则是通过摄像设备在隧道内部实时获取隧道内部的图像或录像，并对图像进行分析和评估，以便检测裂缝、变形、渗漏等问题。

2.2.2 基于强度检测法

目前最常见的混凝土强度检测方法是回弹法。回弹法是检测确定混凝土结构强度的常用无损检测方法，它利用显示的回弹值确定混凝土结构表层硬度，然后从外到内确定结构强度。此方法具有操作简单、成本低廉、不会造成结构破坏（即无损检测）等优势。

然而，该方法也存在一些缺点，如当混凝土的实际强度较低时，在受力后将产生很大的塑性变形，使表面弹性无法满足要求；利用回弹法检查内外质量不统一的混凝土时，检测值只能显示有限深度的衬砌混凝土的强度。

由于不同类型和型号回弹仪的有效检测厚度不一样，因此在进行现场检测时，需要根据衬砌厚度选择合适的回弹仪进行检测。使用回弹仪对衬砌强度进行检测过程如图 2-5 所示。

图 2-5 衬砌混凝土强度检测

2.2.3 声波法和超声波法

2.2.3.1 声波法

岩体等介质中往往包括层面、节理和裂隙等结构面，这些结构面在动荷载的作用下产生变形，对岩体中的波动过程产生了一系列的影响，如反射、绕射、折射和散射等，即结构面起着消耗能量和改变波传播用途的作用，并导致岩体波的非均质性及方向性。因此，岩体结构影响着岩体中弹性波的传播过程，换言之，岩体弹性波的波动特征反映了岩体的结构特征。

岩体在动应力作用下产生三种弹性波，即纵波（P波）、横波（S波）和面波。波的传播可以用波速、振幅、频率和波形来描述。目前采用的弹性波测试主要是纵波波速，其次是横波波速。由现场和试验室研究表明，弹性波在岩体中的传播速度与岩体中的种类、弹性参数、结构面、物理力学参数、压力状态、风化程度和含水量等有关，具有如下规律。

（1）弹性模量降低时，岩体声波速度也相应地下降，这与波速理论公式（2-1）相符合[3]：

$$\begin{cases} v_p = \left[\dfrac{E(1-\gamma)}{\rho(1+\gamma)(1-2\gamma)}\right]^{\frac{1}{2}} \\ v_s = \left[\dfrac{E}{2\rho(1+\gamma)}\right]^{\frac{1}{2}} \end{cases} \quad (2\text{-}1)$$

其中，E 为介质弹性模量；γ 为介质泊松比，一般岩石的泊松比约为 0.5；且有 $v_p/v_s=1.732$。

（2）岩石越致密，岩体声速越高。波速公式中，波速与密度成反比，但密度增高，弹性模量将有大幅度的增高，因而波速也将越高。

（3）岩石结构面的存在，使声波在岩体中传播时存在各向异性。当声波传播方向平行于结构面方向时，结构面起到导向作用，使声波速度提高；若声波传播方向垂直于结构面方向，声波会产生反射、折射和绕射而声速降低。同理，岩体风化程度高则声波速度低；压应力方向上声波速度高；空隙率大，则声波速度低；密度高、单轴抗压强度大的岩体声波速度高。

声波检测法就是用人工的方法在岩土介质和结构中激发一定频率的弹性波，这种弹性波以各种波形在材料和结构内部传播并由接收仪器接收，通过分析研究接收和记录下来的波动信号，来确定岩土介质和结构的力学特性，了解它们的内部缺陷。通过对岩体的声波探测，检测人员可了解测试区域岩体的节理裂隙发育状况以及岩体纵波波速等相关参数。这就是利用声波法检测隧道衬砌病害的原理。

声波法检测混凝土内部缺陷分为穿透波法和声波反射法。穿透波法是根据超声波穿过混凝土时，在缺陷区的声时、波形、波幅和频率等参数所发生的变化来判断缺陷的，这种方法要求被测物体有一对相互平行的测试面体。声波反射法则是根据超声脉冲在缺陷处产生反射现象来判断缺陷，这种检测方法较适用于只有一个测试面的洞室或隧道衬砌体质量检测，测试原理和布置图如图 2-6 和图 2-7 所示（RSM-SY5 为一种非金属声波检测仪）。

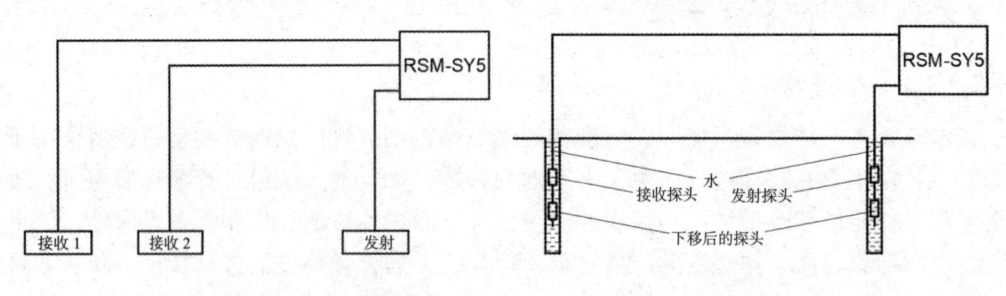

图 2-6　声波穿透法测试原理　　　　　图 2-7　声波穿透法示意图

2.2.3.2　超声波法

超声波检测的基本原理是，以人工激振的方法对砼构筑物发射高频声波，在一定距离上接收介质物理特性调制的声波，通过观测和分析声波在不同介质中的传播速度、振幅、频率等声学参数进而解决工作中的有关问题，其检测原理如图 2-8 所示。如图 2-9 所示为一种便携的手持混凝土超声波检测仪，通过该设备可以直接对结构的内部情况进行检测、记录。

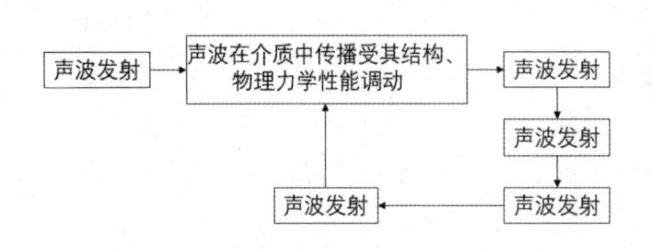

图 2-8　超声波检测基本原理　　　　　图 2-9　手持混凝土超声波检测仪

当超声波经混凝土传播后，它将携带有关混凝土材料性能、内部结构及组成的信息，检测者利用声时、声幅、频率等声学参数，就可以推断混凝土的性能、内部结构及其组成情况。这是因为声幅反映了声波的强弱，在超声波强度一定的情况下，声幅的大小就反映了超声波在混凝土中的衰减情况，而超声波的衰减情况直接反映了混凝土的黏塑性能。高频超声波经混凝土传播后，其主频逐渐下降，而主频下降的多少除与传播距离有关外，还取决于混凝土本身的性质和内部是否存在缺陷等。因此，分析其频率变化就可对混凝土的质量作出评价。

2.2.4　金属磁记忆检测法

金属磁记忆检测方法用于确定钢筋的位置，而不能直接检测缺陷或劣化。但事实上，覆盖不足往往与腐蚀诱导劣化有关，这表明这种定位钢筋的方法在腐蚀控制中是可以运用的。此种方法又分为漏磁法和磁场扰动法。

2.2.4.1　漏磁法

磁漏法是一种用于检测钢筋锈蚀的无损检测方法。该方法利用钢筋表面存在的磁性差异来发现隐藏在混凝土结构中的锈蚀情况。该方法的基本原理是，当钢筋表面存在锈蚀时，锈层的存在会改变钢筋的磁性，导致磁场分布发生变化。通过在钢筋周围轻轻扫过一个传感器（也称为漏磁传感器或漏磁探头），可以探测到由于锈层引起的磁场异常。通过对漏磁信号进行分析和处理，可以确定出钢筋锈蚀的程度和位置。这种方法可以广泛地应用于混凝土建筑和桥梁等结构中的钢筋锈蚀检测。需要注意的是，漏磁法是对钢筋的直接表面进行检测，对于位于混凝土内部的钢筋锈蚀无法直接检测到。此外，在实际应用中，检测者还需要综合考虑混凝土覆盖层厚度等因素，并结合其他检测方法来全面评估和判断钢筋锈蚀的情况。

2.2.4.2 磁场扰动法

磁场扰动法通过测量磁场信号的变化，间接地检测金属材料中的缺陷或异物。该方法的检测原理是磁场与金属材料中缺陷或异物之间会相互作用。当一个导体（如金属材料）被置于一个外部磁场中时，它会产生磁场扰动。这种扰动可以通过检测磁场的变化来间接地了解材料内部的情况。

在应用磁场扰动法进行检测时，检测者通常会使用一对磁场传感器。一个传感器作为发射器发出一个稳定且均匀的磁场，而另一个传感器则作为接收器接收经过材料后的磁场信号。当磁场经过金属材料时，如果材料中存在缺陷或异物，它们会引起磁场的畸变。这些畸变可以通过接收器测量到的磁场信号来检测和分析。根据畸变的特征和模式，检测者可以确定材料中的缺陷类型、位置、大小及其他相关信息。如图2-10所示，这种混凝土钢筋检测仪便可通过这一原理扫描混凝土内部钢筋位置及走向，精确测量已知直径钢筋的混凝土保护层厚度和测定未知直径钢筋的直径及混凝土保护层厚度。

图 2-10 混凝土钢筋检测仪

2.2.5 电阻和电位检测法

2.2.5.1 电阻检测法

电阻检测法是一种常用的方法，它主要用于评估隧道部件（如土体或岩石）的电阻率。通过电阻检测，检测者可以获取隧道周围土层的电阻率分布情况，从而对地质结构、岩土层性质等进行评估和分析。

电阻检测法通常使用电极对来测量电阻值。具体的操作步骤如下。

（1）布设电极：根据实际需要，在地表或隧道内侧适当位置上布设电极对，其中一个电极作为"发射电极"，另一个电极作为"接收电极"。

（2）测量电阻：施加恒定电流或恒定电压源，通过发射电极注入电流或电压信号，然后通过接收电极测量电阻值。根据欧姆定律，电阻值与电流或电压的比例相关，通过测量这个比例可以得到电阻值。

（3）记录数据和分析：将测得的电阻值记录下来，并根据测点的位置关系绘制电阻率分布图。通过分析电阻率分布图，可以了解不同地层的电阻特性，进而推断地质结构、土壤含水量、岩石类型等信息。

2.2.5.2 电位检测法

电位检测是一种常用的隧道检测方法，它主要用于评估土壤或岩石中的电位差分布。通过测量不同点之间的电位差，可以了解隧道周围地层的电位分布情况，从而推断地质结构、地下水流动等信息。

电位检测的基本原理是利用电荷在电场中移动产生的电势差来判断地下条件。具体的操作步骤如下。

（1）布设电极：根据实际需要，在地表或隧道内侧适当位置上布设电极，通常使用参比电极和待测电极组成电位检测点。

（2）测量电位：通过连接测量设备，记录待测电极与参比电极之间的电位差。可以采用直接触电位仪、自动记录系统或数据采集器等设备进行测量。

（3）数据分析：将测得的电位差数据进行整理和分析，绘制出电位分布图或剖面图。通过分析电位差的分布特征，可以了解不同地层的电位差情况，进而推测地壳构造、地下水流向等地质信息。

2.2.6 热成像检测法

任何物体都具有不断辐射、吸收、发射电磁波的本领，当物体处于绝对零度以上时，因为其内部带电粒子的运动，以不同波长的电磁波形式向外辐射能量，波长涉及紫外、可见、红外光区，但主要处于 $0.8 \sim 15 \mu m$ 的红外区内，物体自身的辐射是各个方向的，其红外辐射能量大小按其波长的分布与其表面温度有着十分密切的关系，因此通过对物体自身辐射的红外能量的测量，便能准确地得到物体表面的温度。

红外热像法可以测量隧道壁面散发的热辐射。红外配准技术允许对表面的温度分布进行可视化呈现。表面的温度代表通过表面的热流量，而热流量又受到结构的机械和／或水力不连续性的影响。因此，表面上的热不连续性反映了底层结构内部的异常。其检测原理如图 2-11 所示。

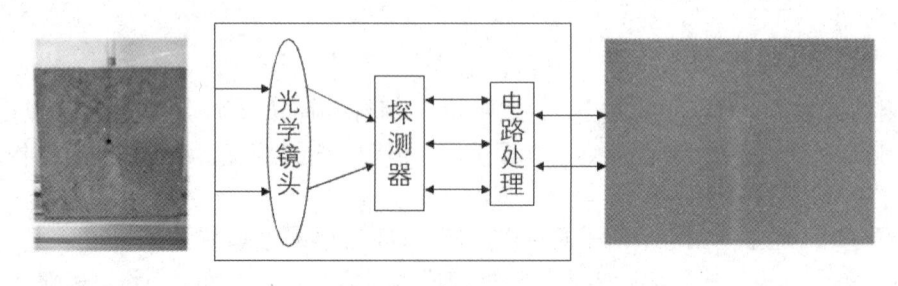

图 2-11 红外热成像原理

2.2.7 地质雷达检测法

地质雷达（ground penetrating radar，简称 GPR），是近年来新兴的地下探测与地面混凝土构筑物无损检测的新技术，它是利用高频电磁脉冲波的反射原理来实现探测目的的，属电磁波探测技术中的一种。电磁波在介质中传播时，其路径、电磁波强度与波形将随通过介质的电性质与几何形态的不同而变化。因此根据接收波的旅行时间（亦称双程走时），幅度与波形等资料，可探测介质的结构、构造与埋设物体。地质雷达的工作原理如图 2-12 所示。

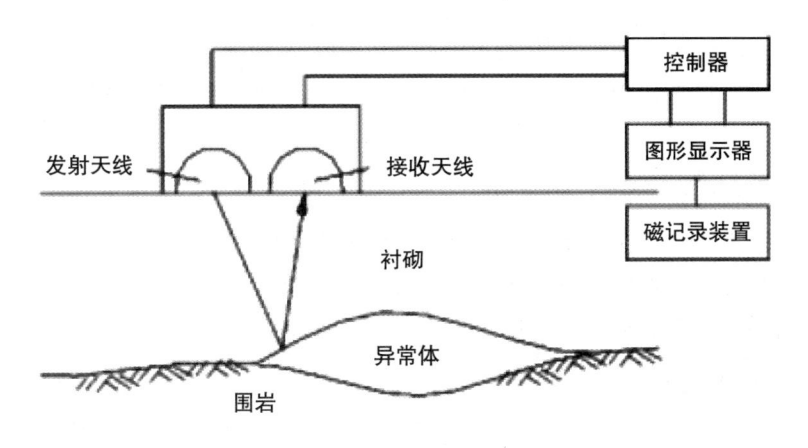

图 2-12 地质雷达探测原理图

从几何形态看，地下异常体可概括为点状体（如孔洞、管线等）和面状体（如裂隙、层面等）两类，它们在雷达图像上有各自特征，其中，点状体特征为双曲线反射弧，面状体反射呈线状反射。异常区的特征则可通过反射波振幅来判断，位置可通过反射波走时确定，见公式（2-2）[4]。

$$h = \sqrt{v^2 t^2 - x^2} / 2 \quad (2-2)$$

式中：h 为异常体埋深；t 为双程走时；x 为收发距；$v = c/\sqrt{\varepsilon_r}$，为电磁波在介质中的传播速度；$c$ 为电磁波在空气中传播的速度；ε_r 为介电常数，可查有关参数或测定取得。常见媒质的物性差异如表 2-1 所示。当发射和接收天线沿物体表面逐点同步移动时，就能得到其内部介质剖面图像。

表 2-1 主要媒质的物性差异表

媒质	介电常数	电导率 /（ms/m）	传播速度 /（m/ns）	吸收系数 /（dB/m）
空气	1	0	0.3	0
水	80	0.5	0.033	0.1
砂岩	6	0.04	/	/
灰岩	4～8	0.5～2	0.12	0.4～1
泥岩	5～15	1～100	0.09	1～100

续表

媒质	介电常数	电导率/(ms/m)	传播速度/(m/ns)	吸收系数/(dB/m)
粉砂	5~30	1~100	0.07	1~300
花岗岩	4~6	0.01~1	0.13	0.01~1
混凝土	4~20	1~100	0.12	/
金属	300	1 010	0.017	108
黏土	5~40	2~1 000	0.06	1~300

2.2.8 射线检测法

x射线、伽马射线或中子射线可以穿透结构材料，因此可以用于结构检测。在隧道中，射线检测方法可以用于评估隧道结构的完整性和安全性，以及检测地质问题和隐患。以下是一些常见的隧道中射线检测的方法。

2.2.8.1 X射线衍射法

X射线衍射法（X-ray diffraction，XRD）是一种常见的用于材料结构分析和晶体学研究的方法。它基于X射线通过晶体样品时发生的衍射现象来获取有关样品晶体结构信息的技术。

在X射线衍射法中，X射线经过样品后会呈现不同的散射角度，并形成衍射图案。这些衍射图案可以由衍射仪器记录下来，并通过分析衍射角度和衍射强度来推断出原子排列和晶格结构等信息。

X射线衍射法可以用于确定晶体结构、确定晶胞参数、分析晶体取向和材料的相组成等。它在材料科学、地质学、生物化学、矿物学等领域具有广泛的应用。同时，X射线衍射法也是确定无机物和有机物的结晶结构的重要工具之一。

2.2.8.2 γ射线测量法

γ射线测量法是一种常见的用于隧道结构检测的方法。它利用γ射线对材料进行穿透并被探测器接收的原理，可以检测到隧道结构中的缺陷和异物。

在γ射线测量法中，通过使用放射性同位素源（如钴60或铯137）作为γ射线源，将γ射线照射到隧道结构上，并使用探测器记录被散射、衰减或吸收的γ射线。根据γ射线在不同材料中的穿透能力和衰减规律，可以分析出隧道结构中存在的缺陷、异物或材料变化。

γ射线测量法可以用于检测混凝土结构中的裂缝、腐蚀、空洞、钢筋质量等问题。它具有能够穿透较厚材料、非破坏性、快速获取数据等优点。同时，由于γ射线具有较高的能量和穿透能力，因此需要在操作过程中遵守相关的辐射安全规定，并由经过培训和授权的专业人员进行操作。

2.2.8.3 高能 X 射线成像法

高能 X 射线成像法（High-energy X-ray imaging）是一种利用高能 X 射线进行物体成像的技术。相比常规 X 射线成像，高能 X 射线成像使用更高能量的 X 射线束，具有更强的穿透能力和更好的成像质量。

在高能 X 射线成像法中，高能 X 射线束通过被检测物体，并被放置在后方的探测器接收。通过记录探测器上经过散射、吸收或衰减的高能 X 射线，可以获得关于被测物体内部结构的信息。这些信息可以被用来生成高分辨率的三维成像图像，以显示物体的内部细节和特征。

高能 X 射线成像法在许多领域都有广泛应用。例如，它可以用于医学诊断，如肿瘤检测、骨骼成像和器官检查等。此外，在工业领域，高能 X 射线成像法也用于非破坏性检测和材料分析，如焊缝检测、金属缺陷检测和残余应力测量等。

2.2.9 内窥镜检测法

内窥镜或视频内窥镜由刚性或柔性观察管组成，可插入被调查元件的预钻孔中，以检查其状况。光可以由外部来源的玻璃纤维提供。在刚性管中，通过反射棱镜提供观察；在柔性管中，使用光纤光学系统。新的模型由一个额外的 CCD 芯片组成，以改善图像。这种检测方法可以细检查结构中不能以其他方式查看的部分。

目前内窥镜在建筑结构检测中的应用主要有以下几方面，这些检测同样可以用在隧道结构上面。

2.2.9.1 管道检查

内窥镜在管道检查中的应用非常广泛，特别是对于狭小和难以进入的管道空间。以下是内窥镜在管道检查中的一些应用方式。

（1）视频内窥镜检查：采用柔性内窥镜系统，配备高清摄像头和灯光，可以将实时图像传输到监视器或电脑屏幕上。这种方法可以让操作人员直接观察管道内部的情况，包括管道壁面、连接点、损坏部位等。

（2）管道堵塞排查：通过内窥镜进行管道堵塞的排查工作。内窥镜可以进入管道内部，查看是否存在堵塞物，如固体杂物、沉积物等。在确定堵塞原因后，可以采取相应措施进行清理和解决。

（3）管道漏水检查：内窥镜可以帮助检测管道是否存在漏水问题。通过观察管道内壁是否有积水、湿润、结露等现象，可以初步判断管道是否存在漏水隐患，并及时采取维修措施。

（4）管道损伤评估：内窥镜可以用于评估管道的损伤程度和位置。通过观察管道内壁的裂缝、腐蚀、断裂等情况，可以确定需要修复或更换的部位，并为维修工作提供准确的定位。

（5）管道维护与清洁：利用内窥镜进行管道的维护和清洁工作。内窥镜可以观察管道内壁的污垢、沉积物等情况，并指导清理工作，保持管道清洁通畅。

2.2.9.2 空腔和洞穴检查

对于具有复杂结构或难以进入的空腔和洞穴，内窥镜可以帮助进行内部观察和检测。例如，检查墙体后面的空腔、楼梯间、天花板上方的空间等，以评估潜在的问题，如裂缝、漏水和结构稳定性。

2.2.9.3 细部检查

内窥镜通过光学镜头和图像传感器将目标区域的图像传输到显示屏上。一般来说，内窥镜由柔性探头和连接器组成。探头通过弯曲和旋转控制，可以进入狭小的空间，并提供清晰的图像以供观察。其检测过程大致如下。

（1）准备工作：确定需要检查的区域，选择合适类型和尺寸的内窥镜。确保内窥镜充电或连接到电源，使其能够正常工作。

（2）探头插入：将内窥镜的探头缓慢而谨慎地插入要检查的建筑部位，如管道、墙壁空腔、天花板等。根据具体情况可以采用推拉、旋转等方式调整探头的位置和角度。

（3）观察和记录：通过内窥镜上的显示屏观察目标区域的实时图像。注意细节并记录下重要观察结果，例如裂缝、腐蚀、漏水等问题。可以使用内窥镜自带的图像或视频记录功能，或者采用其他适当的设备进行记录。

（4）分析和评估：根据观察到的图像和记录的信息，分析和评估目标区域的状况。判断是否存在结构性损坏、维修需求、安全隐患等，并根据需要制定相应的修复和改进计划。

（5）结束工作：完成检查后，将内窥镜缓慢而小心地取出，并对其进行清洁和维护，以确保下次使用时的正常工作状态。

2.2.10 激光扫描检测法

激光扫描检测是通过激光采集衬砌表面点的三维坐标值、反射率、纹理等物理信息来对结构进行三维建模的，从而确定衬砌缺陷的方法。激光扫描技术能快速、准确地获取隧道衬砌的三维数据，主要用于隧道断面变形和界限检测，该检测技术具有高效率、高精度及较高自动化程度的优势。

2.3 隧道结构健康检测技术发展现状

如今，隧道结构健康检测技术正处于一个不断发展和创新的阶段。2.2 节中所述的隧道结构健康检测方法在现有的隧道检测过程中并没有完全普及，仅有少部分技术能够被较为成熟地运用，大部分检测技术还处于起步阶段，要想普及还有较长的路要走，如表 2-2 所示[5]，是目前隧道病害常使用的一些检测方法。下面从公路隧道和铁路隧道两方面介绍隧道结构健康检测技术的发展现状。

表 2-2 隧道缺陷病害检测方法

部位	类别	检测项目	项目属性	原位检测	移动检测
拱墙衬砌	缺陷	厚度	内部状态	钻芯法、冲击回波法	地质雷达
		背后空洞或不密实		敲击、冲击回波法	
		混凝土强度		钻芯法、回弹法	
拱墙衬砌	病害	变形或移动	几何形态	全站仪	激光扫描、激光摄像
		开裂		目视、声波法	激光扫描、线阵相机
		渗漏水		目视	激光扫描、线阵相机、红外成像
		压溃、剥落		目视	激光扫描、线阵相机
隧底结构	缺陷	隧底不密实或空洞	内部状态	瑞利波法高密度电法	
	病害	仰拱或铺底裂损	内部状态	声波法	地质雷达
		仰拱上拱	几何形态	水准仪	惯性测量
		道床裂损	表观状态	瑞利波法高密度电法	

2.3.1 公路隧道检测技术现状

目前，公路隧道主要采用人工目测辅以简易测量器具的方式对土建结构进行常规检测，现场记录病害数据及其影像。该方式存在耗时费力、效率低、安全隐患大、主观性强、需要交通管制及信息反馈周期长等缺点，愈加难以满足现阶段公路隧道检测工作量大、检测结果时效性高等要求。针对此突出问题，国外发达国家如德国、瑞士、加拿大、日本等较早就开始关于隧道快速检测技术方面的研究，相关技术和装备已经较为成熟。近年来，中国一些单位也在这方面取得了重大突破。本节主要介绍目前国内外几种较为成熟的隧道快速检测技术和相关装备，并对其优缺点进行综合比较。

目前，无损快速检测技术应用广泛。根据传感器类型的不同，隧道快速检测技术主要分为基于激光扫描技术和基于摄像拍照技术两大类。

基于激光扫描技术和基于摄像拍照技术的隧道快速检测装备的主要技术指标综合比较如表 2-3 所示。基于激光扫描技术的隧道快速检测装备受限于检测速度过低，无法实现无交通管制状态下的快速检测，适用于车流量少且对交通影响较小的路段。而高速公路车流量往往很大，尤其一些高桥隧比路段，交通管制时间长对于道路交通的影响较大。相比而言，基于摄像拍照技术的隧道快速检测车在检测过程中则无须进行交通管制，极大地缩短了现场检测作业的时间，保障了公路交通的安全运营，对于病害分析则采用自动识别结合人工复核的方式，数据处理效率高于人工分析方法。

表 2-3 隧道快速检测装备主要技术指标综合比较

技术类型	检测速度	检测精度	交通管制	病害识别算法	应用领域
基于激光扫描技术	较慢	较高	需要	人工分析为主	铁路地铁隧道为主

续表

技术类型	检测速度	检测精度	交通管制	病害识别算法	应用领域
基于摄像拍照技术	快	高	不需要	自动识别与人工校核相结合	公路隧道

与传统人工检测方式相比，基于摄影拍照技术的隧道快速检测方法具有如下优点。

（1）自动化程度高：通过集成有多种类型传感器等仪器设备的检测车辆，在行驶过程中动态快速采集隧道图像数据，高效完成外业采集工作。

（2）检测功能全面：快速检测车除能检测到适用常规方法探测到的隧道常见病害，如衬砌开裂、渗漏水、掉块、露筋等病害外，还能通过激光测距检测隧道断面尺寸，用于判断隧道断面尺寸收敛变形情况，确保隧道内行车安全。

（3）检测精度高，成果客观真实：检测系统能够识别宽度 0.2 mm 以上的裂缝，克服了人眼观察距离有限、存在遗漏的缺点；图像式病害展布图和三维全景图能够更加形象、真实客观地反映病害形态、走向、分布等，利于了解隧道的整体技术状况。

（4）判断病害发展：系统数据和成果均采用电子化方式存储，可以将历年的检测数据进行对比，从而准确判断病害的发展和变化情况，为病害处治提供科学依据。

（5）检测速度快、无须交通管制：传统目测或借助高空作业车等检测方法速度慢，需要长时间封闭行车道进行检测，对交通影响较大。快速检测方法则无须交通管制，适用于车流量较大的高等级公路隧道检测。

目前，中国应用较广的公路隧道快速检测车有北京雷德华奥公司的隧道快检车、武大卓越 TFS 隧道快速测量系统、上海同岩 TDV-H2000 隧道病害检测车等，均能实现无交通管制检测。

在实践中仍然存在一些亟待解决的问题。以裂缝病害为例，实际采集过程中受运营隧道内部环境，如混凝土衬砌表面纹路和裂缝的不均匀性、烟雾粉尘黏附等因素的影响，采集的原始图像（包含裂缝病害信息、衬砌混凝土背景信息）含有大量噪声，导致图像处理分析难度大幅提高。对于病害处理方式，目前采用软件自动识别和人工复核相结合的半自动处理模式，即首先通过分析软件对隧道图像进行分类，将图像分为确定无病害的、确定有病害的及疑似有病害的 3 类，从而将需要处理的图像范围大大缩小；再采用人工复核的方式，确认各类病害的类型、大小等。这种处理方式可以大幅度提高数据处理效率。但由于检测车采集的是静态图像，对于渗漏水病害，如滴漏、喷射等间断性或持续性的病害，往往不能准确地体现病害的表现形式和具体状态。针对运营年限较长、病害较为严重或者技术状况较差的隧道，建议根据检测车的初步检测结果，采用人工检测的方式对重点病害进行现场复核，以获得全面准确的隧道病害信息，为隧道安全评价和病害处治提供更加准确可靠的数据。

2.3.2 铁路隧道检测技术现状

铁路隧道存在的主要质量问题：二衬混凝土厚度、强度不足，二衬背后存在空洞及不密实，二衬钢筋缺失及间距偏大、钢筋保护层厚度不足，底板钢筋缺失或不足，仰拱擅自改底板、仰拱及填充层厚度不足，衬砌表面裂纹、隧道衬砌掉块、衬砌渗漏水等。对于新建铁路隧道验收，主要检测衬砌厚度及背后空洞、钢筋分布及间距等，对于处于运营阶段的铁路隧道主要检测质量问题和可能出现病害的部分。

（1）衬砌和底板质量及背后空洞检测：对于隧道衬砌和底板质量及其背后空洞等的检测，国内外隧道衬砌质量和病害的检测方法主要是探地雷达法。近年来，探地雷达法被广泛应用到既有铁路和新建铁路隧道的检验中，传统方法是采用人工手持天线贴近衬砌测线进行检测，少数采用液压系统支撑天线紧贴衬砌，遇到接触网固定杆需要降下天线，每次只能检测一个纵剖面，检测 2 km 长的隧道，需要 6 个天窗时间。在电气化铁路上检测时要求在维修天窗时间停电作业，需要中断运输，并受到接触网影响。对隧道底板的检测同样采用探地雷达紧贴地面的方式。

（2）衬砌和底板强度检测：衬砌和底板混凝土强度检测主要分为有损检测和无损检测。早期常用的钻孔法属于有损检测，虽然能够直观检测衬砌质量，但破坏隧道防排水系统与衬砌结构整体性。

常用的无损检测方法有回弹法、超声波法、超声回弹综合法。回弹法采用回弹仪检测衬砌或底板表层一定范围的混凝土强度，检测结果具有一定局限性。超声波法可反映混凝土内部的强度，但仍然受到混凝土骨料粒径等材料本身的影响。超声回弹综合法结合了前两种方法的优点，弥补了单一回弹法和超声波法的不足，具有测试精度高，操作相对较简便等优点，因而在国内外得到普遍推广。

（3）隧道限界检测：铁路隧道限界即建筑限界，是一个和线路中心线垂直的极限横断面轮廓。在此轮廓内，除机车车辆和与机车车辆有相互作用的设备外，其他设备或建筑物均不得侵入。隧道限界检测主要通过隧道限界检测车、限界测量仪或者全站仪来完成，主要检测少量可能发生结构变形的断面。

2.4 现有隧道检测设备存在的不足

2.4.1 半自动化

目前，隧道检测设备虽能自动获取隧道缺陷信息和数据，但基本上还要依靠专业作业人员进行操作和跟踪作业。为降低作业的危险性、人员的主观性以及提高检测的高效性、实时性和高精度，需要进一步开发全自动化检测系统。而这一阶段还需借助于人工智能方法、大数据技术及机器人产业的发展。

2.4.2 功能集成度较低

隧道检测系统的多功能化是解决工作效率低和隧道健康状态反映不及时、不全面问题的目标方向。目前，隧道检测设备多是基于公路或铁路隧道环境设计的，且由于一些技术问题限制，系统所搭载的检测设备功能较单一，例如 Lynx Mobile Mapper 系统搭载的雷达只能检测衬砌背后空洞问题。衬砌表观病害、内部损伤及围岩状态均是隧道运营过程中需关注的问题。因此，应该设计适应不同隧道环境的检测设备，且综合考虑检测技术和设备优劣性来提高隧道检测系统的功能集成度，如图 2-13 所示。

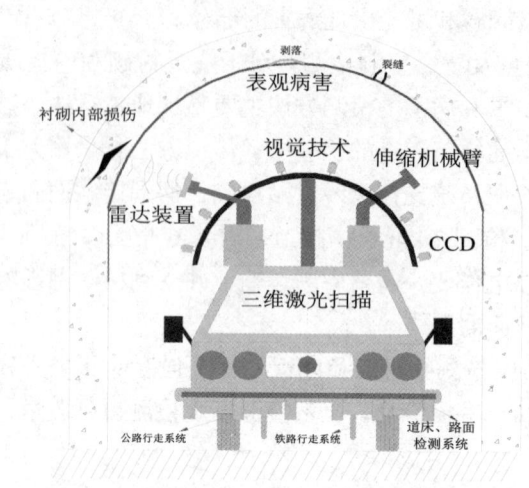

图 2-13 多功能隧道机器检测系统示意图

2.4.3 智能化程度较低

隧道检测系统智能化主要体现在检测设备的智能程度和自主程度上。目前，隧道检测系统的智能化程度低的主要表现为检测设备在隧道内无法智能定位、智能避障、智能存储、智能识别、智能传输及智能分析与评估等。部分设备在隧道缺陷识别上采用了机器学习算法来智能识别和量化缺陷，但仍需借助于人工手段进行判别。

2.4.4 精度与速度的冲突

很多隧道检测设备还处于研发和试验阶段，存在设备技术和处理手段不完善的地方。例如线阵工业相机的视觉检测系统采集速度过快时，图像容易丢失或失真；获取一条长距离的隧道图像时，后期在图像处理、融合、缺陷量化过程中需花费大量时间，难以同时确保分析精度和效率；在非常复杂的隧道环境中进行检测作业时，采集图片效率相对要低。因此，检测设备硬件和软件系统均应进一步改善。

2.4.5 软件和客户端开发滞后

后期软件和客户端开发滞后是现有隧道检测设备存在的主要问题。后期软件主要用来处理采集信息、量化缺陷、统计数据和评估隧道健康状态。客户端则用于检测数据可视化、隧道健康维护和信息决策。目前，隧道检测系统的软件和客户端大多处于数据处理、量化与统计阶段，在智能评估系统、客户端隧道缺陷位置及数据可视化、工程维护应用及产品商业化上还考虑欠缺，今后还需进一步开发改进。

2.5 隧道结构健康检测技术发展趋势

随着大量既有铁路隧道运营线路的老化，隧道病害不断出现，并对铁路运营安全构成极大威胁。有些病害可能在修建时就已经存在。对隧道进行定期、准确检测，及早发现病害，对严重病害有针对性地进行整治，既可节约维修费用，也是确保铁路运输安全的重要手段。由于传统隧道检测依靠人工操作，费工费时，难以全面、准确检测。结合上一节所述隧道检测设备目前尚存的问题，高效、自动化、智能化的隧道状态检测新技术是解决该问题的重要手段和必然趋势。

2.5.1 隧道内部状态快速无损检测技术

目前，隧道病害检测系统的流程大多如图 2-14 所示，整个检测过程分为前、中、后三个过程，耗时较长。因此，我们需要深入研究空耦型雷达在隧道内部状态快速检测中的适用性，提高检测效率；结合中国铁路隧道断面特征，基于模型试验开展不同天线构造、检测速度等对探测深度、缺陷识别精度分析；围绕天线结构优化设计、信号增强、电气化设施信号干扰滤除、载体快速行进过程中机械振动抑制等方面开展具体研究，通过现场验证不断优化完善技术性能，实现隧道内部状态快速化检测，为构建车载快速化综合检测车提供支撑。

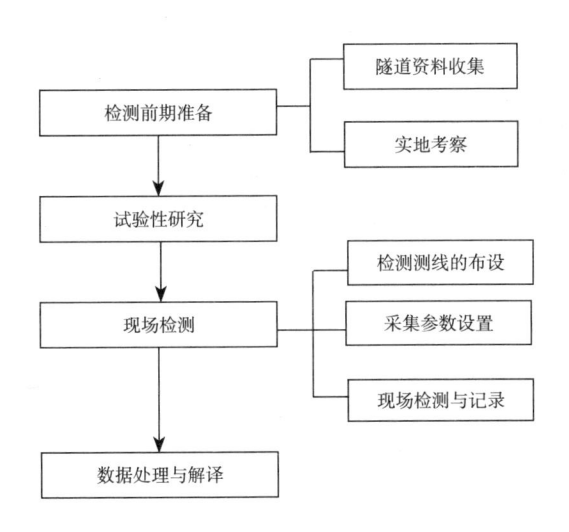

图 2-14　隧道病害检测技术体系

2.5.2 原位及地面移动精确检测技术

国外的隧道工程发展较国内更早一些，目前国外的多项隧道检测技术相对于国内也更先进。因此对国内外先进无损检测技术进行融合应用研究是有必要的。同时我们要结合中国铁路隧道特征，开发覆盖衬砌表观、几何状态等内容的标准化地面移动精确检测装备，基于上述工作，构建与快速检测相适应、隧道规模相匹配的原位精确检测技术体系。如图 2-15 所示，为国外研发的隧道衬砌摄像检测车，在进入隧道检测前，只需将隧道断面参数输入控制软件，车辆在隧道的行驶过程中摄像头便会根据输入的参数并且结合车速自动调整摄像头方向和焦距，达到隧道全断面、无死角检测的目的[6]。但是检测车辆仍需要人员驾驶并且需要检测人员在控制室监视操控计算机。在这个基础上，未来可将人工智能和无人驾驶技术运用在上面，以期在检测过程中彻底解放人工的投入。

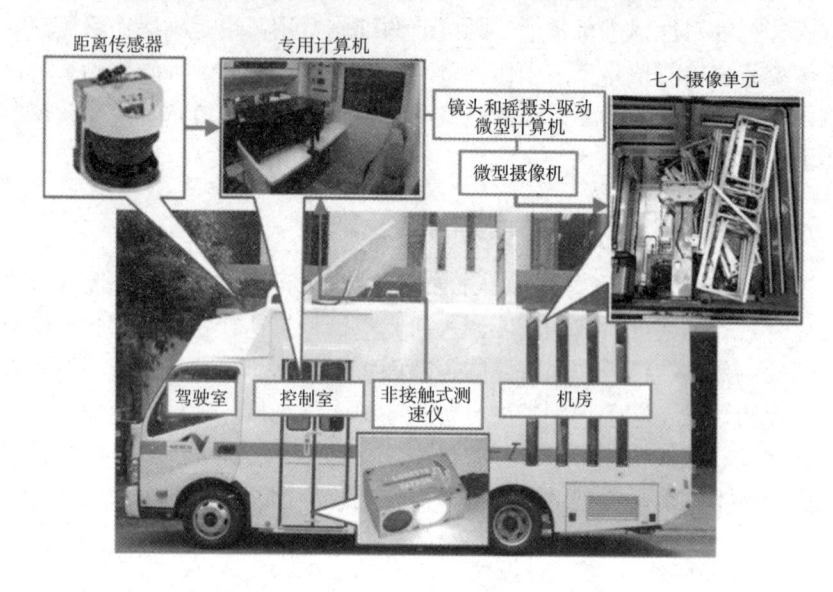

图 2-15 隧道衬砌表面摄影车布置

2.5.3 检测数据快速智能识别技术

对通过扫描摄影后得到的隧道衬砌的表观状态照片，检测者需采用人工智能的方法进行识别判断，梳理衬砌表观病害及内部缺陷特征，开展隧道状态智能识别，并积累样本图库，提高机器学习效率和准确性。

2.5.4 多源检测数据信息化及管理平台

我们应基于隧道快速综合检测车的开发与地面移动精确检测设备的统型，构建车地一体铁路隧道多源检测数据信息化及管理平台，提高隧道状态分析管理整体水平。

2.5.5 公铁两用多功能检测设备

由于公路隧道和铁路隧道的结构形式不同，检测设备通常设计成两种不同移动方式的装置，这需要投入更多的人力和物力。未来可研发公铁两用隧道检测系统，如图 2-16 所示，通过互换公路行走系统和铁路行走系统来适应不同隧道类型，同时该检测系统还将搭载集成度更高的检测装置来实现多能化检测。公铁两用隧道检测系统的研发将改善公铁隧道检测系统不能共用的现状，但由于公路和铁路隧道断面尺寸和形式的不同，对检测设备搭载方式和自适应能力提出了更高的要求。

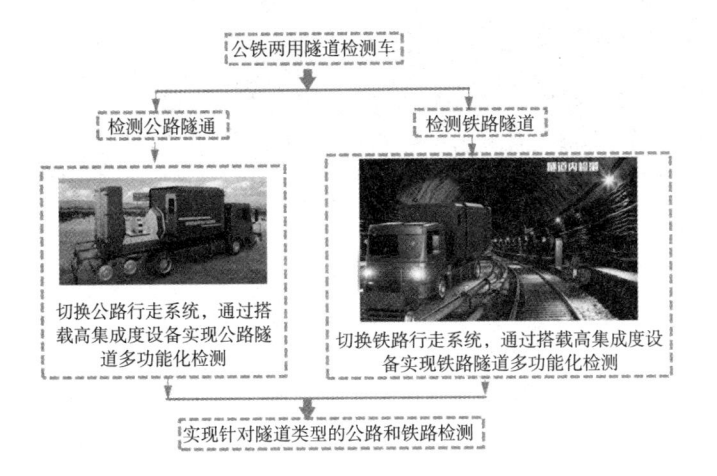

图 2-16　公铁两用隧道检测概念车

2.5.6　全自动智能检测机器人

在复杂和有危害的隧道环境中，许多基于轮式移动或人力的大型检测设备难以识别衬砌特殊部位和隐蔽的结构缺陷。未来对全自动智能检测机器人的研发将有望解决这一难题。目前，在路面和管道检测中，基于多足和履带的小型机器人检测系统已被研发并应用于工程中[7-8]。针对隧道检测作业，全自动智能检测机器人仍需进一步研发。未来全自动智能检测机器人应具有全自动能力，主要包括自动行走与避障功能、智能充电与数据实时自动传输功能、故障报警功能，以及智能识别与分析功能。此外，这类机器人可根据不同用途进行设计，比如根据不同需求设计成履带、多足和飞行方式的系统，如图 2-17 所示；纳米级机器人能识别裂缝深度和衬砌内部损伤[9]；类似小蜜蜂的机器人可探测火灾后隧道烟雾浓度和成分以及隧道有害气体；多足机器人可以对衬砌特殊部位和隐蔽部位进行缺陷识别；飞行机器人可以测量隧道断面变形和衬砌背后空洞情况；履带机器人则可以对道床缺陷以及隧道沉降进行快速检测[10]。

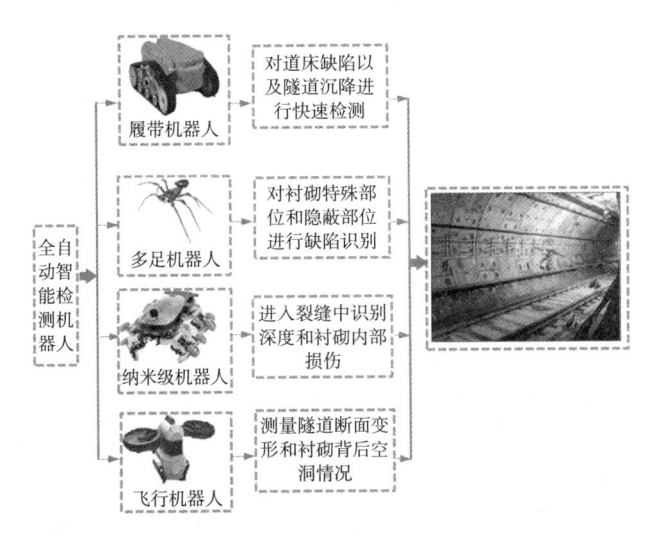

图 2-17　多功能机器人检测示意图

2.5.7 动态智能检测结果可视化平台

检测结果是用来反映隧道安全状态和指导隧道维修养护的。如何动态和智能地描述隧道健康状况，是今后研究的重点。未来可构建一种动态智能的隧道三维可视化平台，如图 2-18 所示。该平台能够与某个区域或地方的隧道构建网络信息化数据库相连。每一次隧道检测后，隧道缺陷、变形、位置信息、图像信息及周边环境信息等检测数据将自动传输给数据库。软件平台将隧道检测数据进行三维重构，并在三维模型基础上对检测结果进行量化分析。隧道管理人员可通过客户端查阅隧道健康状况。该平台具备以下功能：①将检测结果转化为三维数字图像；②动态追踪检测数据结果，当某项数据超过允许值，会自动报警；③实现动态跟踪损伤的演变过程，当隧道损伤异常时，可及时提醒维护人员采取措施；④可依据隧道及周边环境监测数据信息初步判断隧道缺陷产生的原因和评估隧道安全状态。

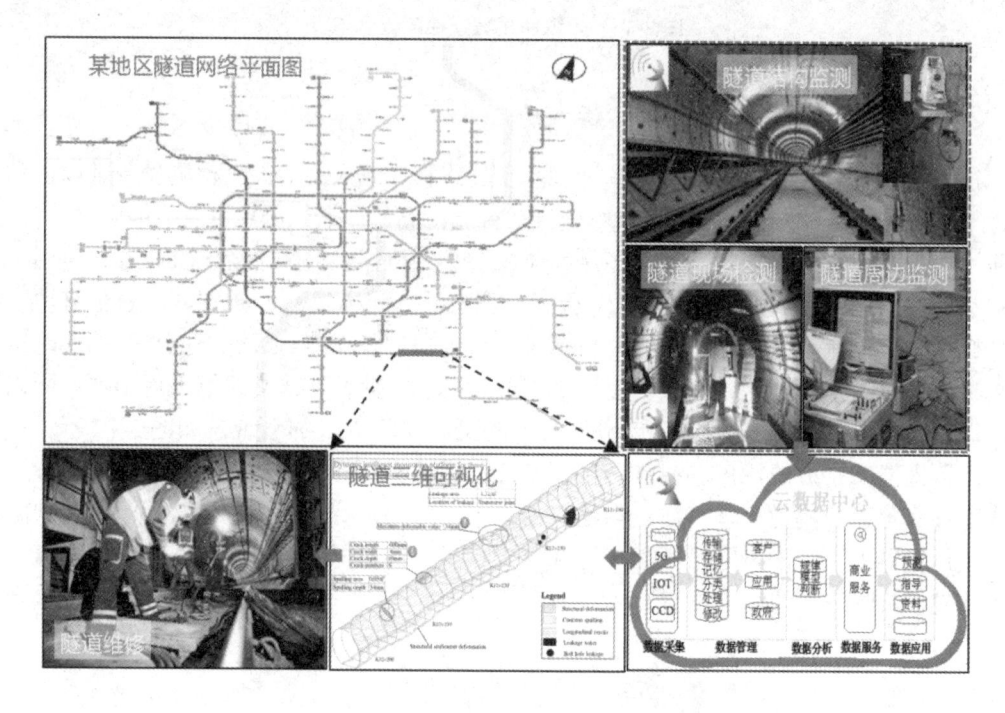

图 2-18 动态智能隧道结构三维可视化平台示意图

2.5.8 隧道虚拟现实技术

虚拟现实技术（VR）是利用计算机技术来模拟三维虚拟世界的新技术，它可以提供给使用者视觉、听觉等感官的模拟。目前，关于 VR 技术与隧道检测结合的研究很少，尤其是在隧道病害的可视化管理上。如图 2-19 所示，VR 可凭借动态智能检测系统实时反馈数据信息，通过计算机技术实时在虚拟空间中模拟出现实隧道的病害特征、病害的位置、程度和发展趋势。行业专家可在任何地方通过移动端设备及时分析存在的问题，并指导现场维修人员进行现场作业，无须进入复杂隧道就能快速做出处理。隧道结构安全虚拟现实可视化管理可极大减少日常隧道检测工作量，给隧道结构检测与修复带来便捷。

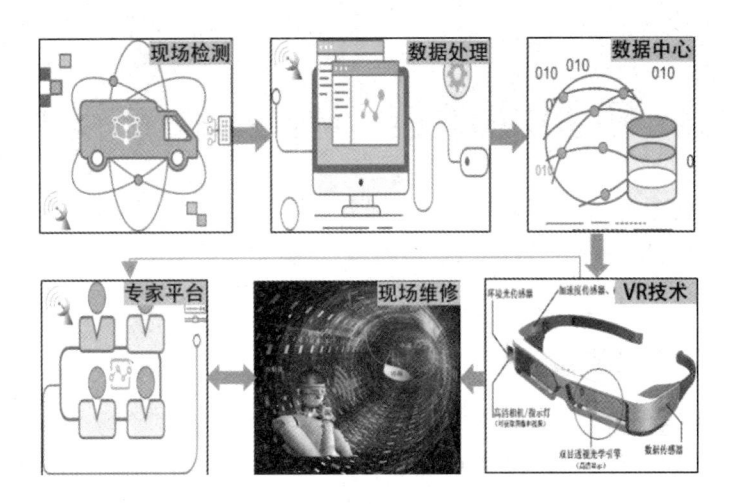

图 2-19　VR 技术运用于隧道结构检测示意图

2.5.9　检修一体自动化检测系统

隧道中的一些表面缺陷和轻微病害，通常不会引起维修人员的重视，却容易引起结构安全隐患。同时维修程序一般在检测完成之后启动，那么这一过程需花费更多的时间和成本。因此，未来可研制用于检测和维修轻微病害或表面缺陷的检修一体的自动化系统（图 2-20），实现主动维护。

该自动化系统搭载隧道检测设备，凭借视觉技术与高性能计算机实时处理问题，可快速完成图像采集、数据提取与智能分析，并借助图像定位技术对隧道病害进行定位。车后端配有自动化机械手臂和维修材料储存仓，机械臂根据病害定位结果对隧道表面细微裂缝和渗漏水进行修补。

目前，该检修自动化系统尚存在图像精准定位能力、机械手臂灵活程度、修补材料快凝和黏结可靠性等问题，仍需要进一步深入研究[10]。

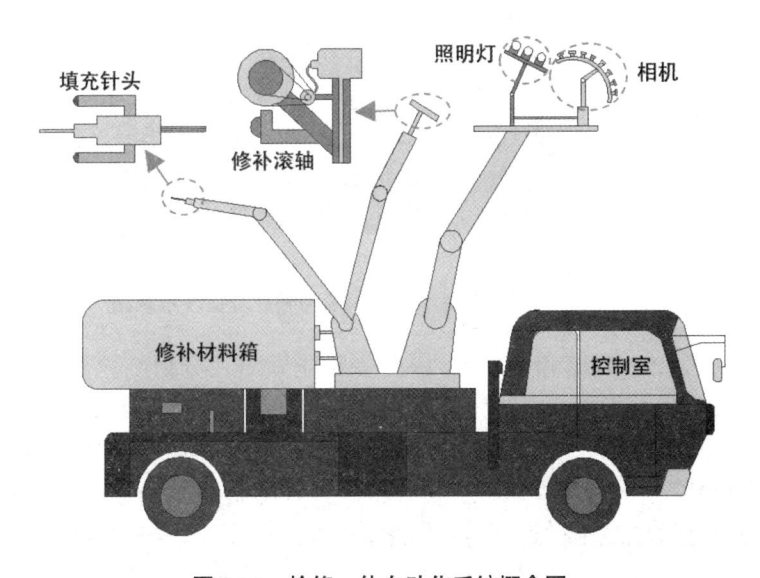

图 2-20　检修一体自动化系统概念图

2.6 隧道结构健康检测新技术应用案例

2.2 节中提到的隧道结构检测方法中，部分检测技术虽由于开发时间晚、研发成本高等未普及应用，但是在国内外仍然有这些新技术的应用身影。本节将对这些较新的检测技术在实际工程中的应用做简单介绍。

2.6.1 超声波检测技术

某高速公路隧道二衬出现了数条斜向裂缝，裂缝宽度超过了结构允许裂缝宽度。为了调查裂缝产生的原因，分析二衬裂缝的深度和裂缝对应的衬砌背后是否存在空洞等缺陷，工作人员采用超声法对二衬混凝土裂缝深度和背后可能存在的缺陷进行了检测。

工作人员用裂缝观测仪测量裂缝的最大宽度，在宽度最大位置标记好测量位置并进行测量，再使用超声波仪测量裂缝深度，测量的位置尽可能避开钢筋，如图 2-21 所示。

测量裂缝深度时要根据隧道二衬裂缝测量结果及其周边混凝土外观质量情况，调试好超声波仪，设置好检测参数并保持不变，并在换能器和混凝土测试表面部位涂抹耦合剂，使其始终保持良好的耦合接触状态[11]。

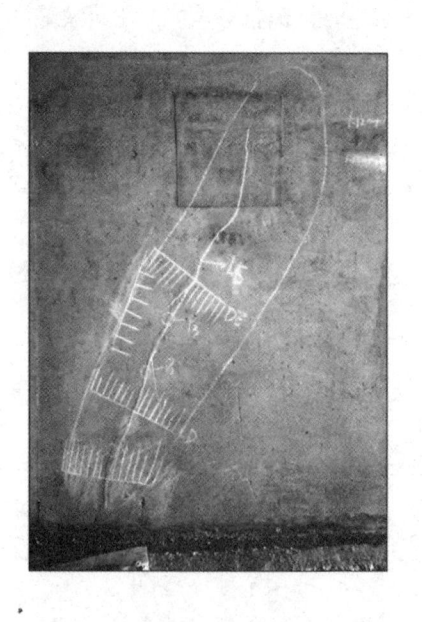

图 2-21 衬砌裂缝超声波检测现场照片及标注示意图

选取 L5 号（浅层）裂缝和 L9 号（深层）裂缝做对比分析。以 L5 号裂缝为例，AB 线为非跨缝测线，BC、CD 和 DE 线为跨缝测线。L5 号裂缝的超声检测数据如表 2-4 所示。

通过表 2-4 中非跨缝测线 AB 的数据绘制超声波检测时 - 距坐标图，对超声波检测数据声时和测距 2 个变量进行线性回归分析，得到拟合的线性方程为 $y=2.07x-25.4$，可得超声波在 L5 号裂缝段混凝土衬砌中传播的速度是 2.07 km/s，如图 2-22 所示。

表 2-4 隧道快速检测装备主要技术指标综合比较

测距 /mm	声时 /μs			
	AB	BC	CD	DE
1'1=50	46.2	—	—	—
1'2=100	62.7	95.9	94.2	81.4
1'3=150	70.4	—	—	—
1'4=200	86.9	147.2	128.8	125.3
1'5=250	128.7	—	—	—
1'6=300	146.3	189.7	172	167.1
1'7=350	172.7	—	—	—

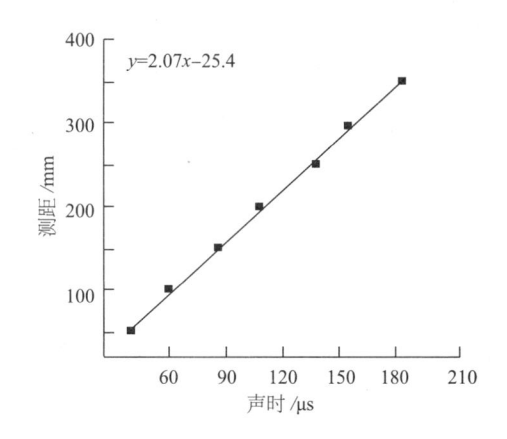

图 2-22 非跨缝测线 AB 时 - 距图

将表 2-4 中跨缝测线 BC、CD 和 DE 线的声时、距离数值代入计算公式（2-1），可以得到对应的裂缝深度值 h_{ci}，然后剔除差异性大的数值，最后取满足要求的裂缝深度平均值作为该裂缝的深度值 m_{bc}。

$$h_{ci} = \frac{l_i}{2}\sqrt{\left(t_i^0 \cdot v / l_i\right)^2 - 1} \qquad (2-3)$$

式中：l_i 为不跨缝平测时第 i 点的超声波实际传播距离，mm；h_{ci} 为第 i 点计算的裂缝深度值，mm；t_i^0 为第 i 点跨缝平测的声时值，μs；v 为不跨缝平测的混凝土声速值，km/s。

同理，可得 L9 号裂缝的检测参数值，如表 2-5 所示。从表 2-5 中可以看出，衬砌上 L5 号裂缝的深度较浅，但各测线位置深度分布不均匀，裂缝的深度有随着发展延伸的方向依次递减的趋势；L9 号裂缝的深度较深，深度分布较一致，疑似为贯穿性裂缝。

表 2-5　隧道快速检测装备主要技术指标综合比较

裂缝编号	测线编号	裂缝宽度	计算缝深 h_{ci}/mm			平均缝深 m_{bc}/mm
			1'2	1'4	1'6	
L5 号裂缝	BC	0.61	101.7	102.5	109.9	104.7
	CD	0.52	74.7	71.2	72.2	72.7
	DE	0.21	56.3	64.2	58.7	59.7
L9 号裂缝	BC	1.82	413.5	409.4	412.7	411.9
	CD	1.55	408.1	406.9	402.8	405.9
	DE	1.47	407.4	404.6	410.3	407.4

2.6.2 热成像检测技术

港珠澳大桥隧道沉管段由 33 个管节组成，标准管节长度为 180m，渗漏病害检测主要包含两个场景：行车道及排烟道，如图 2-23 所示。行车道宽约为 14.55m，高度约为 8.245m，行车道巡检机器人从宽约 0.75m 的一侧检修道出发，行至对侧检修道折返，往返实现对装饰板上方及顶部防火板的巡检；排烟道全线贯通与东西人工岛排烟风机相连，距离较长，约为 6 km，顶部宽约为 4.91m，底部宽约为 4.25m，高度约为 3.50m，排烟道巡检机器人从排烟风机一侧出发，行至岛隧工程出口，实现对顶部及附近区域的检测[12]。

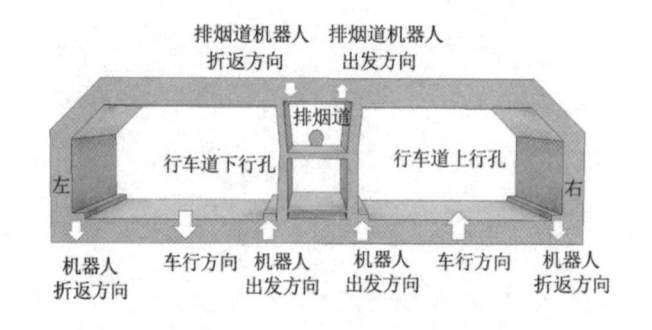

图 2-23　行车道及排烟道示意图

全燕南等[12]研制的行车道巡检机器人、排烟道巡检机器人及红外热成像阵列模型如图 2-24 所示，其中，红外热成像阵列模型中右侧并列三器件为红外热成像仪。

图 2-24　机器人及红外热成像阵列模型

经过计算，在行车道检测过程中，红外热成像仪阵列能够完成对行车道一侧的覆盖，除却部分设施互相遮盖，巡检机器人完成上下行即可实现行车道两侧主要设施基本覆盖90%以上。最远成像距离为 15 808.75 mm，成像宽度的实际大小为 7 009.44 mm，此时单个像素代表的实际长度约为 10.95 mm，也即当存在 10 cm×10 cm 的渗漏病害区域时，至少有 83.4 个像素表示该部分，基本满足检测需求。排烟道检测过程中，主要设施覆盖率基本达 90% 以上，最远成像距离为 4 684.81 mm，成像宽度的实际大小为 3 180.55 mm，此时单个像素代表的实际长度约为 8.28 mm，也即当存在 10 cm×10 cm 的渗漏病害区域时，至少有 145 个像素表示该部分，满足检测需求。

2.6.3 地质雷达检测技术

西南交通大学昝月稳教授团队研制了一种车载远程探地雷达检测系统，如图 2-25 所示。

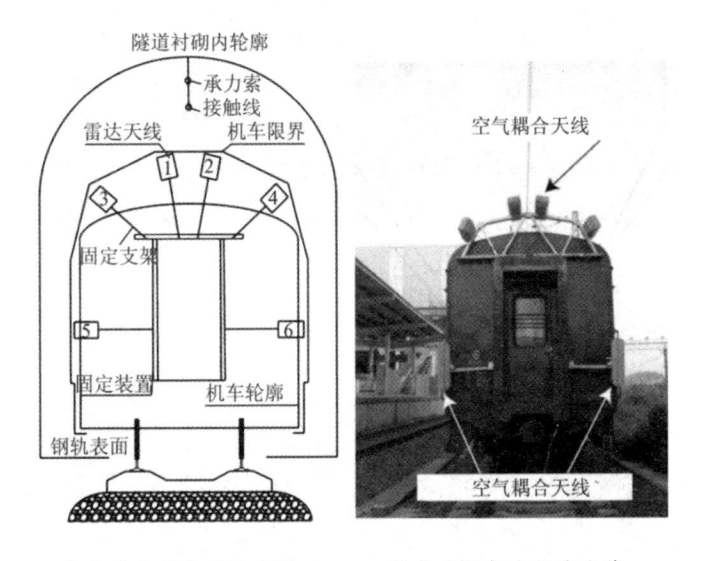

(a) 车载雷达系统布置　　(b) 空气耦合天线安装

图 2-25　车载探地雷达检测系统

车载探地雷达检测系统在宝中线、宁西线、西康线和襄渝线等电气化铁路的隧道中进行了现场试验，取得了大量的实测资料，如图 2-26 所示。图 2-26（a）是针对宝中铁路严家山隧道运营后衬砌出现严重纵横向裂缝、局部发生严重掉块段的衬砌扫描图，可以看出隧道衬砌断开凸出，有明显的月牙形反射。查阅相关资料后发现，该段在施工期间曾出现过大变形，工务部门于 2003—2005 年采取了锚喷压浆与钢拱架联合加固，通过雷达扫描图可以确定钢拱架加固地段长度及钢拱架安装间距等。图 2-26（b）和图 2-26（c）分别是大坪隧道和清凉山隧道严重病害地段采用凿槽嵌入型钢拱架处置后的雷达扫描图，根据雷达图像确定的病害段长度、钢拱架间距与设计参数完全一致，围岩的深部变形轮廓呈弯曲状，有助于分析隧道病害的成因。图 2-26（d）是观音峡隧道严重渗漏水地段的雷达扫描图，衬砌表层呈现明显的反射现象。从以上案例可以看出，利用车载探地雷达技术可以方便地识别出衬砌结构变形、支护系统及渗漏水缺陷等[13]。

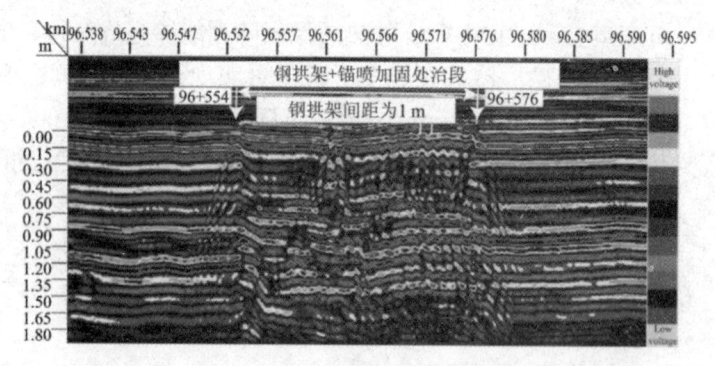

(a) 严家山隧道

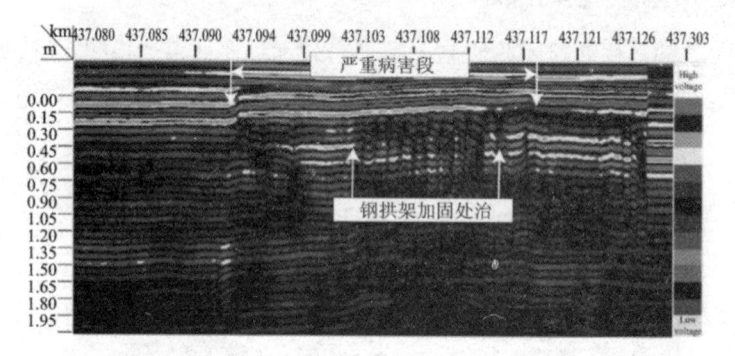

(b) 大坪隧道

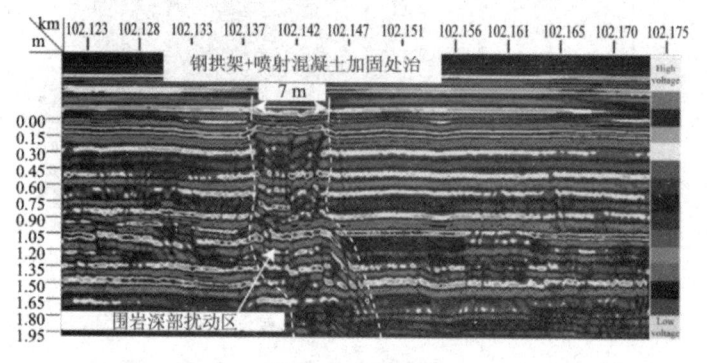

(c) 清凉山隧道

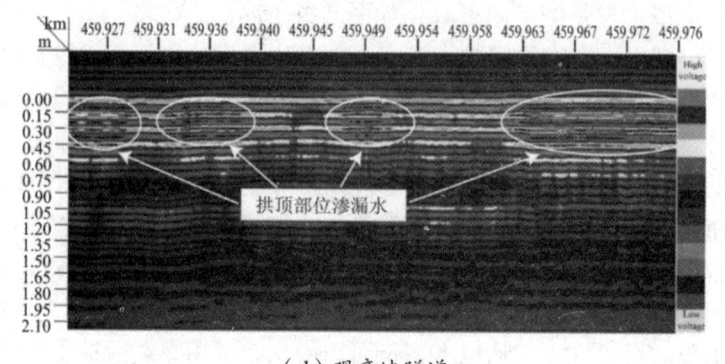

(d) 观音峡隧道

图 2-26 车载探地雷达应用于实际情况图

2.6.4　内窥镜检测技术

大西高铁临汾西站二站台长为 450 m，宽为 10.5 m，站台面下沿线路方向设置站台雨棚排水管 1 组，埋深约为 1.5 m，排水管采用 DN300 mm 双壁波纹管，中心距雨棚柱外侧 1 m。每道雨棚落水管下方设置 1 个沉砂井，沉砂井按 1 明 1 暗的方式依次排开。

2016 年临汾西站高铁二站台多处发生不均匀沉降，通过查阅设计、竣工资料、站台维护单位病害整治和日常巡检记录，多次现场查勘、会诊后，初步分析认为是由站台雨棚排水管道局部破裂、渗漏，造成填土层下沉，引起站台及垫层不均匀沉降。

工作人员采用管道电子内窥镜对管道病害进行检测，为了适应站台施工，选用便携式管道工业视频电子内窥镜，将设备探头由检查井直接放入管道内部开展检测工作。

根据已有资料及现场踏勘情况，确定以 7 个检查井为探入点，对检查井间管道进行双向封闭检测，检测段最大检测距离不大于 40 m，并将每个检测段进行编号（Wn～Wm），检测时将发现的病害情况标注于对应检测段编号内。检测前，按管路铺设方向由高处向低处进行管道冲洗，冲洗时由上一个检查井向下一个检查井进行清洗，清洗时对井内上游侧管道进行封堵，避免下游杂物返流入清洗过的上游管道。每管段清洗过程中及时清理冲洗出的杂物、淤泥[14]。

随后按照铁路站台施工要求，申请天窗点，做好施工现场的安全防护。场外测试内窥镜检测设备保证设备电源充足、运行正常，检查线缆长度，保证每个测段均能完全覆盖。现场装配电视摄像设备，把连接好的摄像设备由检查井送入已清洗干净的管道内，按设计方案中设定的程序，依次检测各段管道。操作人员在地面通过控制器对放入管道内的摄像镜头进行有线控制，使其在管道内向前缓慢推进，通过地面手持终端屏幕显示情况，地面操作人员随时通过控制器调节镜头焦距、照明灯光亮度，清晰完整地记录管道内部视频。发现可疑点时，调整镜头焦距和拍摄方向，从不同角度抓拍照片，记录缺陷的类型和损坏程度，同时对视频及照片进行编号备注。现场拍摄的印象资料如图 2-27 所示。

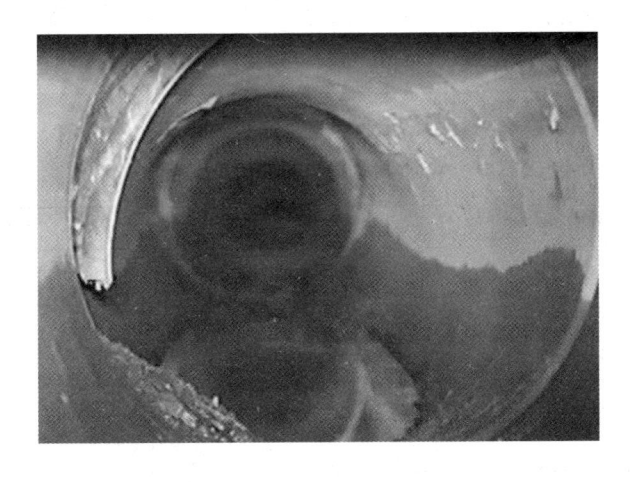

图 2-27　电子内窥镜检测影像

工作人员根据得到的影像资料，逐一对每个节点病害进行分析定性，并出具节点缺陷评价表。节点缺陷评价表的详细内容如表 2-6、表 2-7、表 2-8、表 2-9 所示。

表 2-6　3 号～2 号井节点评价表

管段位置	3 号～2 号 W3～W2 管段
缺陷名称	QF
等级	3
缺陷类型	结构性
时钟表示	0012
3 级（起伏）：管道起伏≤35%	

表 2-7　4 号～3 号井节点评价表

管段位置	4 号～3 号 W4～W3 管段
缺陷名称	PL
等级	4
缺陷类型	结构性
时钟表示	0718
4 级（破裂）：管道材料裂痕，裂口处环向覆盖范围大于弧长 60°	

表 2-8　5 号～4 号井节点评价表

管段位置	5 号～4 号 W5～W4 管段
缺陷名称	CJ
等级	3
缺陷类型	功能性
时钟表示	0705
3 级（沉积）：管道沉积 25%～40%，沉积物为硬质水泥块	

表 2-9　各段管道检测评估示例表

管段编号	管道用途	管径/mm	缺陷等级	缺陷名称	缺陷类型	备注
W1～W2	雨水	300	2	PL	结构型	
W3～W2	雨水	300	3	QF	结构型	
W4～W3	雨水	300	3	QF	结构型	
W5～W4	雨水	300	3	CJ	功能型	
……						

通过对 17 段排水管道进行检测，发现测段中多处存在起伏、破裂、沉积等病害。建议起伏较小的且对排水影响较小的管段可继续使用，起伏较大的管段需进行整治，破裂点需局部修复，水泥砂浆沉积段可做疏通清洗处理。

参考文献

[1] 许富强，杜志刚，陈灿. 中国城市道路隧道分布及发展特征[J]. 现代隧道技术，2022，59（06）：35-41+69.

[2] 赵勇，田四明. 截至2018年底中国铁路隧道情况统计[J]. 隧道建设（中英文），2019，39（02）：324-335.

[3] 付志峰，陈建平，邓宗伟，等. 声波法在隧道质量检测中的应用研究[C]//中国建筑学会工程勘察分会，中国土木学会土力学与岩土工程分会，中国地质学会工程地质分会，中国岩石力学与工程学会. 全国岩土与工程学术大会论文集（上册）. 人民交通出版社，2003：269-275.

[4] 李二兵，谭跃虎，段建立. 地质雷达在隧道工程检测中的应用[J]. 地下空间与工程学报，2006（02）：267-270.

[5] 王石磊，高岩，齐法琳，等. 铁路运营隧道检测技术综述[J]. 交通运输工程学报，2020，20（05）：41-57.

[6] Jiang Y, Zhang X, Taniguchi T. Quantitative condition inspection and assessment of tunnel lining[J]. Automation in Construction, 2019（102）：258-269.

[7] FoxNews: John Deere Walking Harvester treads lightly and carries very big sticks. Fox News, 2012.

[8] Marc R, Kevin B, Gabriel N, et al. Bigdog, the rough-terrain quadruped robot, Proceedings of the 17th World Congress, 2008, 41（2）：10823–10825.

[9] Montero R, Victores J G, Martinez S, et al. Past, present and future of robotic tunnel inspection[J]. Automation in Construction, 2015（59）：99-112.

[10] 黄震，张陈龙，傅鹤林，等. 隧道检测设备的发展及未来展望[J]. 公路交通科技，2021，38（02）：98-109.

[11] 杨光，陈天骄，李盼，等. 超声波和雷达法在隧道衬砌裂缝检测中的应用[J]. 湖南交通科技，2020，46（01）：91-94.

[12] 全燕南，吴松华，谭杰，等. 沉管隧道渗漏水红外自主检测技术[J]. 激光与红外，2023，53（02）：237-245.

[13] 昝文博，赵春晨，王宁，等. 隧道检测与健康状况评价研究综述[J]. 筑路机械与施工机械化，2020，37（10）：67-74.

[14] 张仕奇. 电子内窥镜设备在隐蔽排水管道病害检测中的应用[J]. 山西科技，2018，33（03）：126-128+131.

第 3 章 土石混合体的宏观抗剪强度与细观结构特征

3.1 研究背景及研究意义

我国地处环太平洋构造带和喜马拉雅构造带的交汇部位，特殊的地理位置决定了我国是一个地质条件极其复杂的国家，在各种地质条件作用下形成了不同种类的岩土混合颗粒材料。例如，常见的地质灾害（如滑坡、崩塌和泥石流）后常产生由滑坡堆积、崩塌堆积、冰碛堆积和坡积层等组成的松散斜坡，这类斜坡在我国分布十分广泛[1]。与一般的土体或纯块石堆积体不同，这类斜坡主要由土与块石的混合体组成，如图 3-1，3-2 所示[2,3]。为区别这类特殊岩土体与纯土体或块石堆积体的不同，国内相关研究人员将其命名为土石混合体[1]。河流临海口的漫滩相土层，沉积物的粒径由上至下在垂直剖面上呈逐渐由细变粗的规律分布，即黏土 – 粉质黏土与粉质黏土与粉砂互层土 – 砂土 – 碎石[4]。在上述土层序列中存在具有特殊结构性的粉质黏土与粉砂互层土层，与土石混合体相似，它们均是由不同粒径且不同属性的岩土颗粒材料混合组成。另外，实际工程中由于工程施工以及长期运营导致的不同种类的岩土颗粒混合现象也十分普遍。例如，尾矿坝工程中矿物废料常由尺寸较大的废石和尺寸较小的尾矿细料构成[5]；铁路道砟在运输过程中导致的煤灰和黏土进入道砟颗粒堆积中形成的道砟 - 污染物混合体[6]。为方便叙述，本书将上述不同岩土颗粒混合材料统称为二元混合体。需要指出的是，二元混合体的力学行为与其构成的颗粒属性密切相关。例如，粉质黏土与粉砂互层土一方面具有粉细砂的特性，其动剪切模量随剪应变幅值的变化规律更接近于砂土，另外一方面又具有黏性土的特性，其阻尼比要比一般砂土的高，从阻尼比随剪应变幅值的变化规律上来说更接近于黏性土[7]。

实际工程中，不同类别的二元混合体是工程师们常遇到且需妥善处理的特殊岩土材料。由于对该材料力学行为的认识还比较匮乏，工程师们往往采用传统的针对构成二元混合体中的一种颗粒材料进行试验，在其强度参数上也常近似采用一种颗粒材料的强度参数。这样的处理方式可能偏于保守，导致浪费或存在潜在的工程问题。例如，土石混合体实质上是有别于细粒土体和块石体的另外一种岩土材料。土石混合体中的"土"和"块石"在粒径、物质组成及力学行为上存在明显差别。这些差别导致土石混合体在物理力学行为上呈现出极端不均匀性和非线性的特点。实际上，二元混合体的物理力学行为与多种因素相关，如粗颗粒含量、粗细颗粒的形状和混合体中粗颗粒的空间分布等。目前，现有的岩土力学理论尚不足以对这种特殊岩土材料的物理力学行为进行准确描述。随着数值模拟技术和电脑计算性能的不断发展，以数值试验为手段研究二元混合体的宏细观力学行为特征，并基于内部细观结构特性分析来阐明其宏观力学行为的细观机制，建立二元混合体宏观力学反应和细观结构特性之间的联系，将有助于加深人们对这类特殊岩土材料物理力学行为的理解。

图 3-1 中国台湾地区典型的土石混合体路堑坡体[2]　　图 3-2 唐家山堰塞坝中的土石混合体[3]

3.2　国内外研究现状

3.2.1　土石混合体的内部结构特征研究

前文提到，常见的地质灾害（如滑坡、崩塌和泥石流）后常产生由滑坡堆积、崩塌堆积、冰碛堆积和坡积层等组成的土石混合体松散斜坡。为了评估土石混合体边坡的稳定性，首先需要确定土石混合体的抗剪强度特征。土体的抗剪强度与其所处的密实状态，即孔隙率密切相关。一般而言，土体的抗剪强度随孔隙率的减小（密实度增加）而逐渐增加。因此，对于级配均匀的砂土或堆石体，研究人员常采用孔隙率来定性评估土体的抗剪强度。然而，由于土石混合体的极端不均匀性，其孔隙率和抗剪强度均会受粗细颗粒含量变化的影响。以往许多学者发现土石混合体和与其性状相似的二元混合体的孔隙率随粗颗粒含量的增加而先减小后增加，当细颗粒含量（，FC）约为 30%（粗颗粒含量约为 70%）时孔隙率达到最小值，示意图如图 3-3 所示。

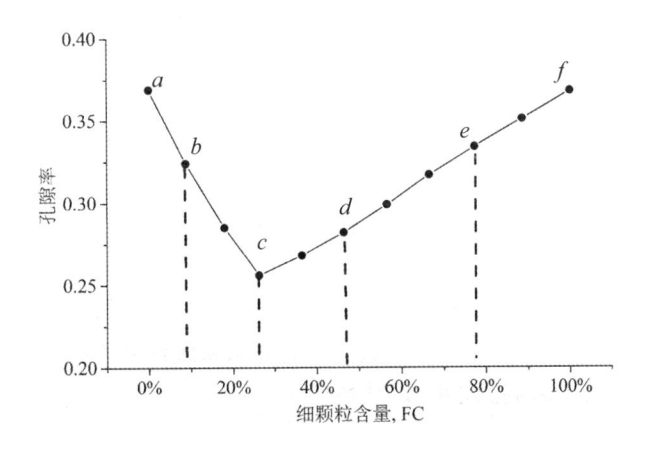

图 3-3　土石混合体孔隙率关于细颗粒含量 FC 的变化趋势示意图

瓦列霍（Vallejo）[8]提出土石混合体的力学行为随土体含量变化规律与其孔隙率随FC的变化规律相关。图1-3中a、b、c、d、e和f分别表示土石混合体内部结构变化的特征点，其分别对应图3-4中推测的土石混合体内部颗粒结构示意图。当细颗粒含量为零时，此时堆积体骨架由粗颗粒构成，如图3-4（a）所示。当细颗粒含量逐渐增加，由于此时堆积体的骨架主要由粗颗粒构成，细颗粒主要分布在粗颗粒骨架形成的孔隙结构中，因此堆积体的孔隙率将逐渐减小，直至细颗粒全部填充在粗颗粒骨架孔隙结构内，此时孔隙率达到最小值，如图3-4（b）、图3-4（c）所示。当细颗粒含量继续增加，堆积体的粗颗粒骨架逐渐由粗细颗粒共同承担，如图3-4（d）所示。随着细颗粒含量进一步增加，粗颗粒开始逐渐悬浮于细颗粒基质中，直至堆积体完全由细颗粒构成，如图3-4（e）、图3-4（f）所示。随细颗粒含量增加，二元混合体的内部结构与其宏观力学特性密切相关。例如，弗拉·格斯（Fragaszy）等[9]提出了一种基质模型，对上述阈值现象进行解释说明。该模型认为混合体的峰值抗剪强度随FC变化的趋势与其内部粗颗粒间的接触状态密切相关。具体而言，当粗颗粒含量较低时，粗颗粒此时主要悬浮于砂土中，仅有少量的粗颗粒彼此接触，此时粗颗粒对混合体抗剪强度的影响可忽略不计。随着粗颗粒含量逐渐增加，当混合体中粗颗粒-粗颗粒接触达到一定数量时，粗颗粒开始对混合体的峰值抗剪强度起控制作用。然而上述建立的宏-细观力学特性间的联系，细观特性方面主要是基于瓦列霍（Vallejo）[8]的推测，目前对非规则粗颗粒形状二元混合体内部的细观结构特性，如粗细颗粒的局部配位数和不同接触类别（即粗-粗、粗-细和细-细颗粒接触）所占比例特性的系统研究较少。

（a） （b） （c） （d） （e） （f）

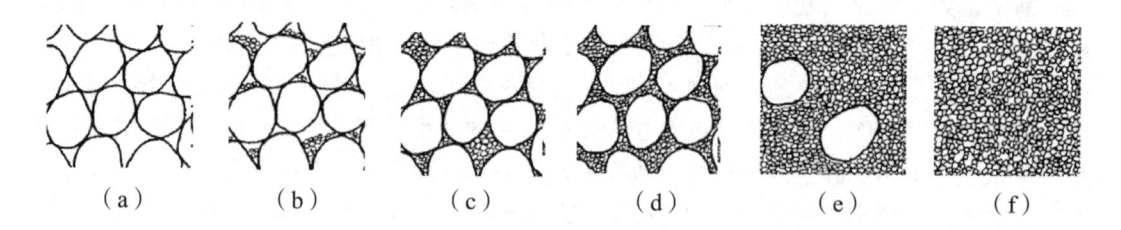

图3-4 二元混合体随细颗粒含量增加时推测的内部结构图

3.2.2 基于碎石扫描颗粒二元混合体的剪切行为研究

二元混合体的物理力学特性取决于颗粒间的相互作用，而颗粒形状是影响颗粒相互作用的重要因素。金磊和曾亚武[10]、金磊等[11]和郭志国（Guo）等[12]基于室内试验或离散元数值模拟指出颗粒形状对二元混合体的物理力学特性具有重要影响。基于离散元数值试验，以往大多数研究人员采用球体、简单非规则颗粒或数字图像颗粒来模拟二元混合体中的粗颗粒，这样的颗粒形状与真实粗颗粒形状（如碎石颗粒）尚有较大差别。截至目前，仅有少量的研究（如徐文杰和王识[13]、金磊等[14]）基于与真实粗颗粒形状相似的三维扫描颗粒建立数值模型，并以此为基础研究粗颗粒含量（或细颗粒含量）对二元混合体宏-细观力学行为的影响。然而，以往的数值试验尚未系统研究不同的粗颗粒形状对二元混合体宏-细观力学行为的影响。此外，以往数值试验的研究重点集中在宏-细观现象的发现上，对二元混合体的宏-细观现象间的联系讨论较少。以上研究背景表明以往基于离散元法二元混合体数值模拟中关于粗颗粒的形状效应和粗颗粒含量对二元混合体宏-细观力学行为影响的研究尚存在许多不足。

3.2.3 细颗粒含量和形状对二元混合体剪切行为研究

天然沉积砂土中常包含一定含量的细颗粒含量，如粉土或黏土。以往的研究表明降雨导致的边坡失稳[15],[16]和地震导致的液化[17],[18]事故中，砂土-细颗粒混合体是常发生事故的土体。这一现象促进了研究者对这类混合土力学行为的关注。以前的试验[19],[24]得到了许多关于细颗粒含量FC影响砂土-细颗粒混合体抗剪强度的资料。然而，目前针对FC对细颗粒掺入砂土具有何影响尚未有一致认识。例如，许多先前的研究[19],[21],[24]表明掺入细颗粒将促进砂土抗剪强度的提高；而石原健二（Ishihara）[20]的研究表明掺入细颗粒含量对混合体抗剪强度的影响较小；其他的研究[22],[24]表明随着细颗粒含量增加，混合体的抗剪强度将逐渐降低。由于细颗粒形状和含量不同，当细颗粒含量逐渐增加，混合体逐渐变为不同的土体，因此上述不同的结论可能均正确。由具有不同细颗粒特征和粗颗粒构成的混合体具有独特的结构属性。具有不同特征的细颗粒将影响粗细颗粒间的相互作用，进而影响混合体的力学行为。因此，有必要研究颗粒特征如何影响混合体的力学行为。

事实上，先前的许多研究关注了颗粒特征对混合体力学行为的影响。例如，夏尔（Shire）等[25]和朗格罗迪（Langroudi）等[26]通过数值试验研究了细颗粒含量和粒径比对混合体力学行为的影响，并从细观层面提出了混合体的内部稳定性评价准则。另外，先前许多研究研究了混合体的抗剪强度。例如，杨峻（Yang）等[27],[28]研究了颗粒形状对砂土-细颗粒混合土不排水剪切行为的影响。他们发现这类土体的剪切行为和崩塌特性与其构成的颗粒形状密切相关。萨德雷卡里米（Sadrekarimi）等[29]发现随着细颗粒含量增加，这类混合土的残余抗剪强度可能增加、保持不变或降低，这与细颗粒的形状和矿物成分相关。在这类混合土中，接触类别可分为SS接触（即sand-sand contact），SF接触（即sand-fine contact）和FF接触（即fine-fine contact）。伍德（Wood）等[30]指出在较低细颗粒含量时，细颗粒将嵌入砂土颗粒中将形成相对不稳定的SF接触和相对稳定的SS接触。蒙库尔（Monkul）等[31]的研究表明颗粒性形状将影响混合体内部不稳定和稳定接触的比例，进而影响混合土的抗剪强度。另外，杨峻（Yang）等[27]提出了一种颗粒尺度的概念模型对细颗粒形状影响混合土的力学行为进行解释。先前的研究证实细颗粒形状是影响砂土-细颗粒土力学行为的关键因素之一。然而，细颗粒形状和含量如何影响混合土的力学行为相应的细观特征（如接触力，配位数和组构异性特征）尚不明确。砂土-细颗粒混合土复杂的力学行为本质上与其离散和不均质特性相关。这些特性将使混合土在外荷载作用下导致特定的细观结构演化，这些细观结构的演化与混合土的宏观力学行为密切相关。然而，在物理试验中很难通过常规手段获取细观结构的演化过程。为了更好地理解砂土-细粒土混合土的宏观力学行为，这类混合土的内部细观结构尚需要深入研究。

3.3　主要研究内容与方法

土石混合体及与其性状相关的二元混合体（如砂土-细粒土混合体）的变形破坏极为复杂，这类土体不仅与内部所含粗颗粒形状、空间分布和排列方式，以及细粒土力学性质相关，还与其他因素（如粗细颗粒间的摩擦特性）相关。一般而言，二元混合体内粗颗粒的强度远高于细粒土强度，外荷载作用下二元混合体内粗颗粒较难发生破坏，破坏主要集中于粗细颗粒接触的一定范围内的区域，因此该区域被认为是二元混合体内部最薄弱地带。该薄弱地带的变形、开裂或分离有可能导致粗颗粒转动或平动，进而诱发二元混合体发生破坏行为。基于前文阐述的国内外研究现状，虽然现有的研究对二元混合体的变形破坏特征有了一定认识，但以往的研究主要集中在探明二元混合体的物质组成和结构特性（如含石量、粗颗粒级配、粗颗粒的空间分布和排列方式等因素）对其宏观力学行为的影响规律，但对宏观现象相应的细观机制缺乏深度认识，目前尚未形成适用的理论分析系统。基于上述研究背景，作者主要采用离散元数值试验，针对土石混合体及与其性状相关的二元混合体（如砂土-细粒土混合体）的压缩特性、峰值和临界状态时的剪切行为、小应变刚度反应及其相应的细观机制进行了深入研究。

3.4　数值模型的建立

本章采用PFC^{3D}[32]进行相关的数值试验。通过均匀混合不同粒径的粗细颗粒制备试样，粗颗粒采用多球体填充形成颗粒簇的方法进行模拟。需要指出的是，此处的多球体填充形成颗粒簇的方法是PFC3D的内置功能，它是指通过给定颗粒轮廓的STL或DXF文件，将不同粒径和位置的球体置于颗粒轮廓范围内，形成与目标颗粒轮廓一致的颗粒簇。本章为了制备与真实碎石颗粒形状一致的颗粒簇，首先通过CT扫描获得64种不同形状的碎石颗粒形状库，然后通过PFC3D的内置多球体填充功能形成颗粒簇。如图3-5(a)~图3-5(c)所示，分别为真实颗粒、扫描颗粒后形成的STL文件及采用多球填充形成的颗粒簇。从图中可以看出，通过PFC3D内置的多球填充功能可以形成与真实颗粒形状一致的颗粒簇。

如图3-6（a）~图3-6（b）所示，为本章采用的粗细颗粒，其中，粗颗粒是通过扫描64种不同形状的粗颗粒形成的颗粒簇，细颗粒分别采用球体和杆状颗粒。如图3-6（a）所示，每个粗颗粒方框内的数字表示形成该颗粒簇所需的子球体数量，该数量由两个参数控制，分别是distance和ratio[33]。distance范围是0~180，表示颗粒表面子球体的分布情况。distance越大表示颗粒表面的子球体分布越光滑。ratio范围是0~1，表示构成颗粒簇子球的最小与最大半径之比。一般来说，采用多球体法形成颗粒簇时，越大的distance和越小的ratio需要越多数量的子球体来填充颗粒。在本章中，所有粗颗粒的控制参数distance和ratio分别为150和0.3，与陈铭熙[34]研究长短轴之比对椭球体的剪切行为采用的控制参数一致。图3-6（b）为本书制备土石混合体数值试样采用的两种细颗粒，分别为球体和杆状颗粒，其长短轴之比分别为1.0和1.5。

（a）真实卵石颗粒

（b）扫描颗粒后形成的 STL 文件

（c）多球体填充后形成的颗粒簇

图 3-5　粗颗粒数值模拟过程

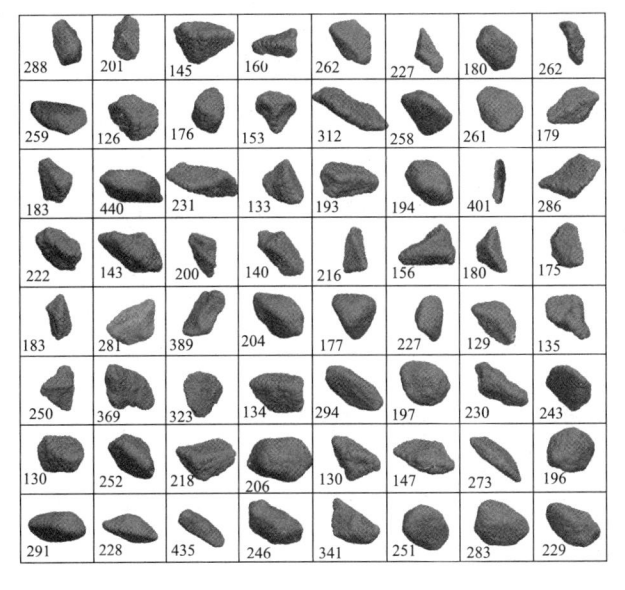

（a）64 种不同形状的碎石颗粒　　　（b）两种不同形状的细颗粒，即球体和杆状颗粒

图 3-6　本章土石混合体数值试验采用的粗细颗粒

制备数值试样过程中，首先随机选取一定数量的图 3-6（a）中的粗颗粒。需要指出的是，选取粗颗粒的体积要相同，即与直径 D_c=6.72 mm 球体对应的体积相同。所有细颗粒的体积与直径 D_f=1.51 mm 球体的体积相同。因此，本章粗细颗粒的粒径比为 $\alpha=D_c/D_f$=6.72/1.51=4.44。克里希纳（Krishna）[35]从晶体学的角度指出最大细颗粒刚好占据等粒

径粗颗粒骨料构成的孔隙时，此时粗细颗粒的临界粒径比为4.44。基于此，本章选取的粒径比 α=4.44 认为是足够高的，即在此粒径比下，在密实二元混合中，认为细颗粒不会扰乱粗颗粒的骨架结构。选取更高的 α 时更接近真实二元混合体的情况，但这样会显著增加数值试验的计算时间。需要指出的是，相同的 α=4.44 也应用在先前的数值模拟中[36],[37]来探究二元混合体中的弹性属性、力的传递规律及土体的组构属性。另外，α=4.44 也作为粗细颗粒相互作用的极限值应用在道路工程的设计中[38],[39]。试样制备中细颗粒含量 FC 从 0% 变化至 100%，中间每隔 10% 制备一次。为叙述方便，每个试样用该试样的细颗粒含量 FC 和细颗粒的长短轴之比来定义。例如，FC100-AR1.0 表示试样的细颗粒含量 100%（即纯细颗粒）和细颗粒为球体（长短轴之比为 1.0）；FC50-AR1.5 代表试样的颗粒含量 50% 和细颗粒为杆状颗粒。制备试样时首先确定了粗颗粒数量 N_{cp}，然后基于已知的颗粒密度和 FC 确定确定细颗粒的数量 N_{fp}。本章中 N_{cp} 值与明（Minh）等[57]研究二元混合体接触力分布规律采用的 N_{cp} 值一致。更大的 N_{cp} 更接近真实情况，但相应的计算时间也将显著增加。开始生成试样时，将方向和位置随机且无接触的粗细颗粒生成在一个特定空间的立方体内。为了避免试样生成过程中产生接触力分布不均匀现象，数值试验过程中将重力加速度设为零，并将摩擦系数临时设置为零以生成密实堆积体。离散元数值试验中常控制颗粒间的摩擦系数来获得不同松密程度的堆积体。以往的研究[41]表明采用摩擦系数为零制备的堆积体往往是特定条件下的最密实堆积体。需要说明的是，颗粒间的无摩擦制样方法获得密实堆积体也广泛采用在先前对二元混合体的数值试验中，例如明（Minh）等[40]、陈铭熙[42-43]、阿泽玛（Azema）等[44]。初始生成的无接触颗粒体通过伺服控制墙体使之逐渐压缩，颗粒逐渐则向内聚集。持续上述过程直至试样达到平衡，即试样的平均不平衡力与平均接触力之比小于 10∶5，且颗粒与墙体作用的应力与目标应力 200 kPa 的差距在 5% 以内。以 FC20-AR1.5 为例，如图 3-7 所示，描述了试样的上述制备过程，即图 3-7（a）为初始阶段；图 3-7（b）为等向压缩阶段；图 3-7（c）为平衡阶段。图中 l_0, w_0, h_0 分别表示平衡阶段（剪切前）试样的长、宽、高。试样达到初始平衡后，测定了各试样的初始孔隙比（e_0）。在开始剪切前，将颗粒-颗粒的接触摩擦系数赋值为0.5，且剪切过程中摩擦系数保持不变。

本章数值模拟采用软接触模型。颗粒-颗粒和颗粒-墙体间的接触变形关系采用简单的线性接触模型，接触切向是否滑动满足库仑摩擦定律。以往的数值试验结果（例如戴北冰等[45]、洛佩兹（Lopez）等[36],[37]、陈铭熙等[34],[43]）表明上述模型能重现二元混合体的典型力学特征。本章采用的细观参数如表 3-1 所示。颗粒-颗粒的接触法向刚度 k_n 根据 $k_n=2rE_c/(r_a+r_b)$ 求得，其中，E_c 表示接触有效模量，r_a 和 r_b 分别表示相接触颗粒的半径，r 代表 r_a 和 r_b 中的较小值。本章采用的 E_c 值与陈铭熙[34]文中研究多球椭球体采用的 E_c 值一致。Goldenberg 等[46]指出实际颗粒材料的刚度比值 k_n/k_s（k_s 表示接触子球的切向刚度）介于 1.0 到 1.5 之间。基于此，本章采用的刚度比 k_n/k_s=4.0/3。

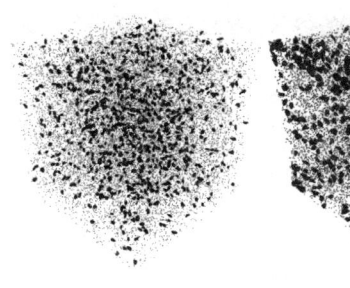

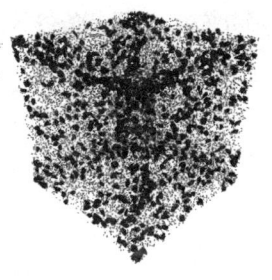

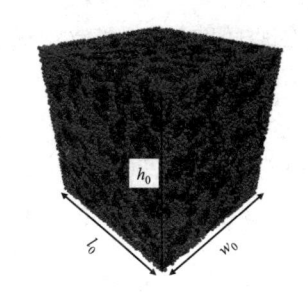

（a）初始阶段　　　　　（b）等向压缩阶段　　　（c）平衡阶段，其中 l0, w0, h0 分别为平衡阶段试样的长、宽、高

图 3-7　FC20-AR1.5 的试样制备过程示意图

表 3-1　数值模拟采用的细观参数

参数	值
颗粒密度，ρ	2 600 kg/m³
颗粒-颗粒摩擦系数，μ	0.5
颗粒-墙体摩擦系数，μ_w	0.0
颗粒-墙体有效接触模量	1×10^9 Pa
颗粒-颗粒有效接触模量	1×10^8 Pa
刚度比 k_n/k_s	4/3
阻尼系数	0.7

3.5　初始试样的各参数测定

二元混合体中存在三种不同的接触形式，即粗颗粒-粗颗粒接触（CC contacts），粗颗粒-细颗粒接触（CF contacts）及细颗粒-细颗粒接触（FF contacts）。本章探究了不同接触形式的局部配位数。在试样达到平衡后，测定了各试样的参数，包括细颗粒含量 FC、试样尺度与最大粗颗粒直径的比率、颗粒总数、不同接触类别的接触数量、悬浮颗粒数量（rattle particles）及初始孔隙率，其中，N_{cp}、N_{cp-sub} 和 N_{fp} 分别表示粗颗粒数量、构成粗颗粒的所有子球体数和细颗粒数量。大量细颗粒将会导致较高的计算成本和较低的计算效率。本章采用计算性能高的工作站进行数值试验，其中，CPU 型号为 Intel®Xeon®CPU E5-2690v4（×2），平均每个试样的计算时间约为 25 天，结果如表 3-2 所示。为了消除尺寸效应对试验结果的影响，Jamiolkwski 等[64]建议试样尺寸与颗粒粒径之比需要大于 5，理想比率为 8。

表 3-2 各试样的细颗粒含量 FC、试样尺寸比率、颗粒数量、不同接触类别的接触数量、悬浮颗粒及初始孔隙比

试样	$D^{\#}/D_c$	N_{cp}/N_{fp}	$N_{cp\text{-}sub}$	$N_C^{CC}/N_C^{CF}/N_C^{FF}$	$N_{Cr1}^{CC}/N_{Cr1}^{CF}/N_{Cr1}^{FF}$	N_{rp0}	e_0
FC0-AR1.0	9.04	2000/0	381126	8341/0/0	0/0/0	0	0.531
FC10-AR1.0	9.03	971/9560	185064	3685/4748/2176	0/76/78	6 714	0.443
FC20-AR1.0	8.96	855/18838	162032	3027/14878/14359	0/100/223	7 444	0.372
FC30-AR1.0	8.82	749/28300	141614	2275/25922/39765	0/133/290	3 820	0.354
FC40-AR1.0	9.10	642/37695	121559	1406/32194/78021	0/16/57	1 192	0.378
FC50-AR1.0	9.24	535/47127	101219	894/30207/107562	0/16/107	1 021	0.407
FC60-AR1.0	9.25	427/56421	80206	676/30308/144170	0/2/18	896	0.438
FC70-AR1.0	9.37	320/65586	59976	251/22624/181777	0/3/36	749	0.479
FC80-AR1.0	9.35	210/74458	39250	87/15499/214536	0/3/64	667	0.513
FC90-AR1.0	9.40	104/82974	19136	26/7839/248684	0/1/63	636	0.543
FC100-AR1.0	20.09a	0/10000	0	0/0/31503	0/0/0	92	0.587
FC0-AR1.5	8.99	2000/0	381126	8341/0/0	0/0/0	0	0.531
FC10-AR1.5	9.15	971/9484	184962	3782/2812/1015	0/31/21	8 050	0.438
FC20-AR1.5	9.11	855/18816	164378	3002/17009/19450	0/73/144	6 264	0.354
FC30-AR1.5	9.12	749/28263	141013	2221/33381/56905	0/25/43	1 503	0.328
FC40-AR1.5	9.01	642/37675	121559	1582/36884/95840	0/8/15	511	0.335
FC50-AR1.5	8.95	535/47057	101036	1010/36838/136677	0/4/7	216	0.346
FC60-AR1.5	8.92	427/56333	80806	601/32849/180249	0/2/5	135	0.363
FC70-AR1.5	8.86	320/65331	59793	316/26246/225317	0/1/3	84	0.383
FC80-AR1.5	9.06	210/74432	39468	149/18233/267686	0/0/4	47	0.407
FC90-AR1.5	9.22	104/82846	19354	34/9687/314393	0/0/2	57	0.427
FC100-AR1.5	19.66*	0/10000	0	0/0/38679	0/0/0	11	0.463

注：FC100-AR1.0 试样的 $D^{\#}/D_f$ =20.09，FC100-AR1.5 试样的 $D^{\#}/D_f$ =19.66，此处 $D^{\#}$ 表示 min（h_0，l_0，w_0），D_f =1.51 mm 表示细颗粒直径。

表3-2中，试样尺寸与粗颗粒最大粒径比率[$D^{\#}/D_c$（$D^{\#}$=min(h_0, w_0, l_0)]的最小值（即FC30-AR1.0和FC70-AR1.5）为8.82和8.86，表明本章试验结果试样可忽略尺寸效应的影响。N_C^{CC}，N_C^{CF}和N_c^{FF}分别表示CC，CF和FF接触的接触数量。需要指出的是，这里的接触数量并非子颗粒间的接触数量，而是指颗粒与颗粒间的接触数量。另外，以往的数值试验发现二元混合体中存在许多悬浮颗粒（即颗粒周围没有其他颗粒与之接触），本章用N_{rp0}表示。N_{CT1}^{FF}，N_{CT1}^{CF}和N_{CT1}^{FF}分别表示CC，CF和FF接触类别仅有一个接触的接触数量。传统的全局配位数Z_0可按下式计算：$Z_0=2N_{tc}/N_{tp}$，其中，$N_{tc}=N_c^{CC}+N_c^{CF}+N_c^{FF}$，表示试样内的总接触数量，$N_{tp}$（$=N_{cp}+N_{fp}$），表示试样内的总颗粒数。悬浮颗粒对应力稳定性没有贡献，因此，Thornton等[65]提出了力学配位数以排除悬浮颗粒对试验结果的影响：

$$Z_m = \frac{2\left[N_{tc}-\left(N_{cr1}^{CC}+N_{cr1}^{CP}+N_{cr1}^{PP}\right)\right]}{N_{tp}-N_{rp0}-2\left(N_{cr1}^{CC}+N_{cr1}^{CF}+N_{cr1}^{FF}\right)} \quad (3-1)$$

3.6 初始试样的压缩特征

基于表3-1中初始孔隙率（e_0），图3-8展示了所有试样e_0与细颗粒含量FC间的关系。从图中可以看出，不同细颗粒形状的两种二元混合体的初始孔隙率e_0呈现相似的变化趋势，即当细颗粒含量FC逐渐增加时，e_0先逐渐减小，达到最小值后反向增加。

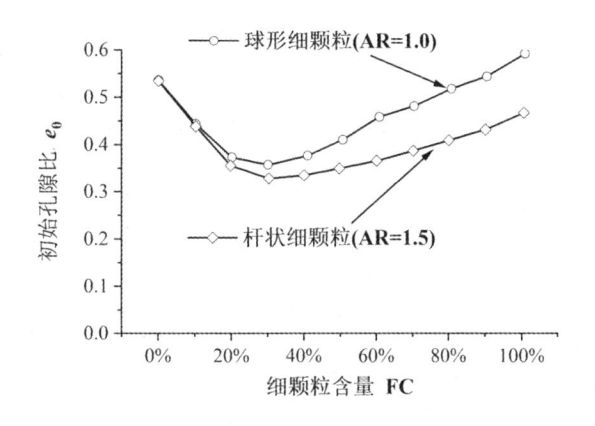

图3-8 初始孔隙比随细颗粒含量的变化趋势

上述e_0的变化趋势类似于"V"形，与之前数值试验[36],[37],[40],[49]和物理试验[8],[50]中发现的结果一致。e_0的变化趋势可用下述细观结构变化过程进行定性描述：当细颗粒含量较低时，细颗粒主要分布在粗颗粒构成的骨架孔隙中，此时随着细颗粒含量的增加，骨架孔隙将逐渐被细颗粒填满，因此孔隙率逐渐减小；上述过程将一直持续直至孔隙率达到最小值，此时细颗粒含量约为30%，当细颗粒含量超过该界限值时，细颗粒含量逐渐增加将导致粗颗粒间彼此隔离，这时孔隙率将逐渐增加。此外，从图3-8可看出，在相同FC时，球形细颗粒混合体的e_0比杆状细颗粒混合体的e_0值大。这主要与不同形状的填充效率相关，阿泽玛（Azéma）等[51]研究指出当颗粒形状稍偏离球形时具有相对较高的填充效率，其对应颗粒材料的孔隙比将较小。图 3-8 中显示 FC=30% 为孔隙比转变的临界值。以往的研究表明该临界值可作为二元混合体力学行为的阈值 FC_{th}，即从粗颗粒主导的混合体到粗-细颗粒相互作用的临界细颗粒含量。

韦特曼（Weatman）等[52]提出了一种简单的二次方程来描述混合体试样体积和细颗粒含量间的特定关系：

$$\left(\frac{v-(1-FC)v_c}{v_f}\right)^2 + 2G\left(\frac{v-(1-FC)v_c}{v_f}\right)\left(\frac{v+1-FC-FCv_f}{v_c-1}\right) + \left(\frac{v+1-FC-FCv_f}{v_c-1}\right)^2 = 1 \quad (3-2)$$

其中，$v = 1+e$、$v_c = 1+e_c$ 及 $v_f = 1+e_f$ 分别表示二元混合体试样的特定体积、纯粗颗粒试样的特定体积及纯细颗粒试样的特定体积；e、e_c 及 e_f 分别代表二元混合体试样的孔隙比、纯粗颗粒试样的孔隙比及纯细颗粒试样的孔隙比；G 为拟合参数。对于二元混合体，式 3-2 也可表达为

$$\left(\frac{1+e-(1-FC)(1+e_c)}{1+e_f}\right)^2 + 2G\left(\frac{1+e-(1-FC)(1+e_c)(e-FCe_f)}{e_c(1+e_f)}\right)^2 + \left(\frac{e-FCe_f}{e_c}\right)^2 \quad (3-3)$$

此外，余艾冰（Yu）等[43]提出了另一种模型来预测二元混合体的体积与细颗粒含量间的关系：

$$v = FCv_f + (1-FC)v_c + \beta FC(1-FC) + \gamma FC(1-FC)(1-2FC) \quad (3-4)$$

将 $v = 1+e$、$v_c = 1+e_c$ 及 $v_f = 1+e_f$ 代入式（3-4）中得到如下关系：

$$e = 2\gamma FC^3 - (3\gamma + \beta)FC^2 + (\gamma + \beta + e_f - e_c)FC + e_c \quad (3-5)$$

其中，β 和 γ 为拟合参数。近年来，尹振宇（Yin）等[44]提出了一种经验模型来预测不同细颗粒含量粉细砂土的最小孔隙比：

$$e = \left[e_c(1-FC+\alpha FC)\right]\frac{1-\tan\xi(FC-FC_{th})}{2} + \left[e_f\left(FC + \frac{(1-FC)}{\alpha^m}\right)\right]\frac{1+\tan h[\xi(FC-FC_{th})]}{2} \quad (3-6)$$

其中，a、m 和 ξ 代表拟合参数。如图 3-9（a）和图 3-9（b）所示，分别描绘了两种二元混合体的孔隙比随细颗粒含量的变化趋势，图中也加入了上述三种经验模型作为对比。

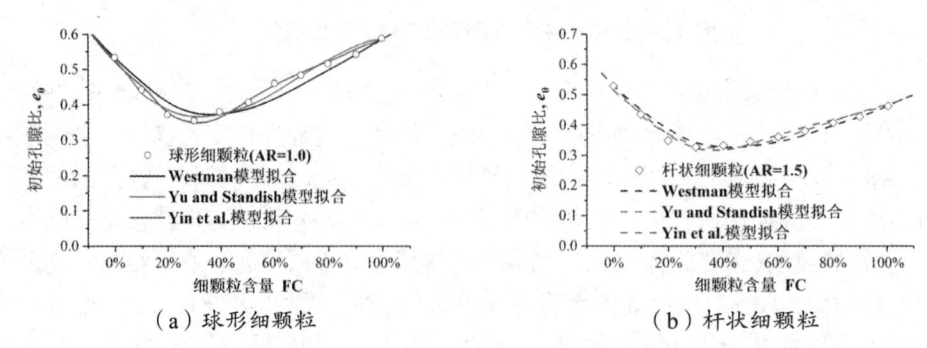

（a）球形细颗粒　　　　　　（b）杆状细颗粒

图 3-9　不同细颗粒形状二元混合体的孔隙率随细颗粒含量的变化趋势

从图中可以看出，上述三种模型可基本描述特定细颗粒含量下二元混合体的孔隙比，其中，余艾冰（Yu）等[53]和尹振宇（Yin）等[54]提出的模型拟合效果较好。图3-9（b）显示韦特曼（Weatman）等[52]提出的模型对杆状细颗粒试样的拟合效果较好，而图3-9（a）显示该模型对球形细颗粒的拟合结果稍偏离试验值。因此，余艾冰（Yu）等[53]和Yin等[54]提出的模型相较韦特曼（Weatman）等[52]的模型能获得更好的拟合结果，这与Ng等[55]发现的规律一致。上述拟合差异可能归因于Weaman等[52]提出的模型仅有一个拟合参数，而余艾冰（Yu）等[53]和尹振宇（Yin）等[54]提出的模型分别具有两个和三个拟合参数。上述不同模型的拟合参数如表3-3所示。从表中可以看出，不同形状细颗粒的拟合参数差别较大，这说明上述模型在拟合二元混合体孔隙比随细颗粒含量变化趋势时能反映细颗粒形状的影响。

表 3-3　三个经验模型的拟合参数

不同细颗粒	韦斯特曼（Westman）模型	余艾冰（Yu）和斯坦迪什（Standish）模型		尹振宇（Yin）等模型		
	G	β	γ	a	ε	m
球形细颗粒	5.775	-0.646	-0.553	-0.154	5.691	0.504
杆状细颗粒	5.743	-0.652	-0.443	-0.142	4.640	0.387

3.7　二元混合体内的颗粒接触特征

颗粒堆积体的全局配位数（试样内颗粒的平均接触数）是描述颗粒堆积体几何特征的重要参数，其广泛应用于评估颗粒体内部的连通性。在二元混合体内部，力学配位数可与各接触类别相关联（即局部配位数），其计算方式与$Z_\circ$类似[56]：

$$Z_{CC}^m = \frac{2N_{mc}^{CC}}{N_{cp}} \ ; \quad Z_{CF}^m = \frac{2N_{mc}^{CP}}{N_{tp}} \ ; \quad Z_{FF}^m = \frac{2N_{mc}^{PP}}{N_{fp}} \qquad (1\text{-}1)$$

$N_{mc}^{CC} = N_c^{CC} - N_{cr1}^{CC}$、$N_{mc}^{CC} = N_{mc}^{CF} - N_{cr1}^{CF}$及$N_{mc}^{FF} = N_c^{FF} - N_{cr1}^{FF}$分别表示CC、CF和FF接触的力学接触数（即排除了悬浮颗粒和仅有一个接触颗粒周围的接触）。如表3-4所示，列出了两种不同细颗粒形状二元混合体的全局配位数、力学配位数和各接触类别的局部配位数。表中也包含了CC、CF和FF接触数与总接触数之比（即第五列χ_{CC}、χ_{CF}和χ_{FF}）以及悬浮颗粒与总颗粒数之比（即第六列N_{RP}/N_{TP}）。

表 3-4 二元混合体试样的特征

试样	Z_0	Z_m	$N_{CC}^m = N_{CF}^m - N_{CF}^m$	$\chi_{CC}/\chi_{CF}/\chi_{FF}$	N_{RP}/N_{TP}
FC0-AR1.0	8.34	8.34	8.34/0.00/0.00	100.00%/0.00%/0.00%	0.00%
FC10-AR1.0	2.03	6.05	7.59/0.89/0.44	34.73%/44.75%/20.51%	67.01%
FC20-AR1.0	3.28	5.51	7.08/1.50/1.50	9.38%/46.11%/44.50%	41.07%
FC30-AR1.0	4.68	5.54	6.07/1.78/2.79	3.34%/38.14%/58.51%	16.06%
FC40-AR1.0	5.82	6.03	4.38/1.68/4.14	1.26%/28.84%/69.90%	3.49%
FC50-AR1.0	5.82	5.97	3.34/1.27/4.56	0.64%/21.78%/77.57%	2.65%
FC60-AR1.0	6.16	6.26	3.17/1.07/5.11	0.39%/17.30%/82.31%	1.64%
FC70-AR1.0	6.21	6.29	1.57/0.69/5.54	0.12%/11.06%/88.82%	1.25%
FC80-AR1.0	6.16	6.23	0.83/0.42/5.76	0.04%/6.74%/93.22%	1.07%
FC90-AR1.0	6.18	6.23	0.50/0.19/5.99	0.01%/3.06%/96.93%	0.92%
FC100-AR1.0	6.31	6.36	0.00/0.00/6.31	0.00%/0.00%/100.00%	0.92%
FC0-AR1.5	8.34	8.34	8.34/0.00/0.00	100.00%/0.00%/0.00%	0.00%
FC10-AR1.5	1.46	6.56	7.79/0.53/0.21	49.70%/36.96%/13.33%	77.97%
FC20-AR1.5	4.01	6.05	7.02/1.72/2.05	7.61%/43.10%/49.29%	34.05%
FC30-AR1.5	6.38	6.75	5.93/2.30/4.02	2.40%/36.08%/61.52%	5.65%
FC40-AR1.5	7.01	7.11	4.93/1.92/5.09	1.18%/27.46%/71.36%	1.45%
FC50-AR1.5	7.33	7.37	3.78/1.55/5.81	0.58%/21.11%/78.31%	0.50%
FC60-AR1.5	7.53	7.55	2.81/1.16/6.40	0.28%/15.37%/84.35%	0.26%
FC70-AR1.5	7.65	7.66	1.98/0.80/6.90	0.13%/10.42%/89.45%	0.14%
FC80-AR1.5	7.66	7.67	1.42/0.49/7.19	0.05%/6.37%/93.58%	0.07%
FC90-AR1.5	7.81	7.82	0.65/0.23/7.59	0.01%/2.99%/97.00%	0.07%
FC100-AR1.5	7.74	7.74	0.00/0.00/7.74	0.00%/0.00%/100.00%	0.11%

如图 3-10 所示，描述了两种不同混合体的全局配位数 Z_0 和力学配位数 Z_m 随细颗粒含量 FC 的变化趋势。从图中可以看出，两种细颗粒形状混合体的 Z_0 和 Z_m 随 FC 的变化趋势相同，它们均是先减少然后增加，并最终趋于稳定。两条曲线均存在特定的低谷段，与其他文献[57],[59]观测到的现象一致。对于特定的混合体，可发现 Z_m 往往大于 Z_0，尤其是当 FC 介于 10%~30% 时，上述差异主要与试样中的悬浮颗粒相关。从表 3-4 可看出 N_{RP}/N_{TP} 值往往较小，仅在 FC 介于 10%~30% 时具有较大值。对于杆状细颗粒，可发现其 Z_0 和 Z_m 均大于球形细颗粒对应的 Z_0 和 Z_m，这主要与图 3-8 显示的不同细颗粒的填充效果相关。如图 3-11 所示，展示了两种不同混合体不同接触类别的局部配位数和 Z_{CC}^m、Z_{CF}^m、Z_{FF}^m 随细颗粒含量 FC 的变化规律。从图中可看出，随着 FC 增加，Z_{CC}^m 逐渐降低，Z_{FF}^m 逐渐增加，Z_{CF}^m 而先逐渐增加，在 FC=30% 时达到最大值，并随后逐渐降低直至为零。上述

变化趋势与平森（Pinson）等[60]通过物理试验及数值试验[55],[59],[61]发现的规律一致。对比两种不同细颗粒形状的混合体，可发现两者 Z_{CC}^m 值相似，表明细颗粒形状对 Z_{CC}^m 值的影响较小。然而，杆状细颗粒的 Z_{CF}^m 值较球形细颗粒的 Z_{CF}^m 值大，尤其是当 FC≤30% 时。另外，可以发现对于所有试验的细颗粒含量，杆状细颗粒对应的 Z_{FF}^m 值均大于球形细颗粒相应的 Z_{FF}^m 值。由于不同细颗粒形状试样中的粗细颗粒数量一致，上述差异可能与试样中的 CF 和 FF 接触数量相关，这可以在表 3-2 中得以证实，即表中显示细颗粒形状将仅影响 CF 和 FF 接触数量，而对于 CC 接触数量影响较小。

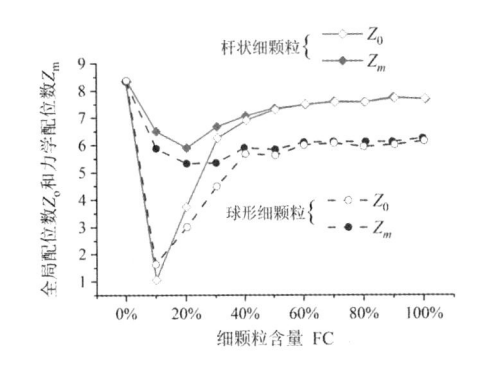

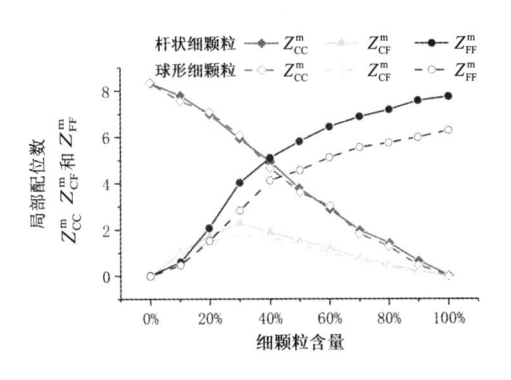

图 3-10　两种不同混合体的全局配位数 Z_0 位数和力学配位数 Z_m 随细颗粒含量 FC 的变化趋势

图 3-11　两种不同混合体不同接触类别的局部配位数随细颗粒含量 FC 的变化趋势

以往关于二元混合体的数值试验主要通过球形或椭球形颗粒来研究局部配位数的变化规律。例如，平森（Pinson）等[60]通过液桥技术在室内试验中研究了钢球二元混合体的局部配位数。罗德里格斯（Rodriguez）等[62]、比亚佐（Biazzo）等[61]及孟令一（Meng）等[59]通过离散元数值试验研究了球体二元混合体的局部配位数。此外，吴邓达（Ng）等[55]研究了不同长短轴之比构成椭球体二元混合体的局部配位数。如图 3-12（a）~图 3-12（c）所示，分别描述了不同接触类别力学配位数 Z_{CC}^m、Z_{CF}^m 和 Z_{FF}^m 随细颗粒含量 FC 的变化规律。图中也加入了其他文献中物理试验和数值试验的结果作为对比。从图 3-12(a)中可以看出，本书中 Z_{CC}^m 值要大于文献中球形和椭球形二元混合体对应的 Z_{CC}^m 值，尤其是当 FC≤60% 时。上述现象可能与本书中选取的非规则粗颗粒形状有关，其机制可能与如下原因相关，即当非规则颗粒与规则的球体和椭球体具有相同体积时，非规则颗粒往往具有较大的表面积，这将导致本书的粗颗粒较其他形状的粗颗粒具有较大的概率彼此接触，因此导致本书具有相对较大的 Z_{CC}^m 值。然而当 FC>60% 时，粗颗粒主要悬浮于细粒土基质中，此时仅有少量的 CC 接触，如表 3-2 所示。因此，当 FC>60% 时，粗颗粒形状的 Z_{CC}^m 值影响较小。另外，对比球形粗颗粒可以发现，对于相对较大表面积的非规则粗颗粒，将导致更多的 CF 接触。这将使本书中的 Z_{CF}^m 值稍高，如图 3-12（b）所示。然而，图 3-12（c）显示本书中的 Z_{CF}^m 值基本与文献中的 Z_{CF}^m 值一致，表明粗颗粒形状对细颗粒间的接触特征影响较小。值得指出的是，杆状细颗粒试样的 Z_{CF}^m 值均大于文献中椭球体二元混合体（即长短轴之比分别为

1.2，1.5 和 1.7，吴邓达（Ng）等[55]）的 Z_{CF}^m 值。这主要归因于本书与吴邓达（Ng）等[55]制样方法不同相关：本书为摩擦系数为零制备密实二元混合体试样，而吴邓达（Ng）等[55]为摩擦系数为 0.5 制备相对疏松试样。

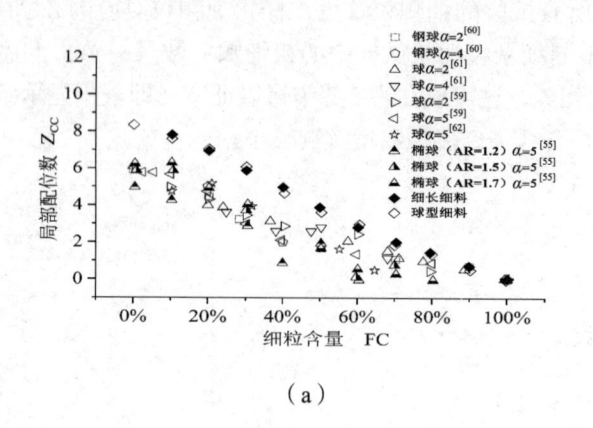

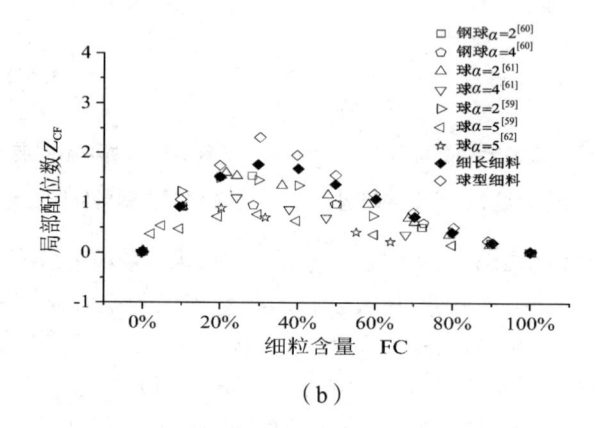

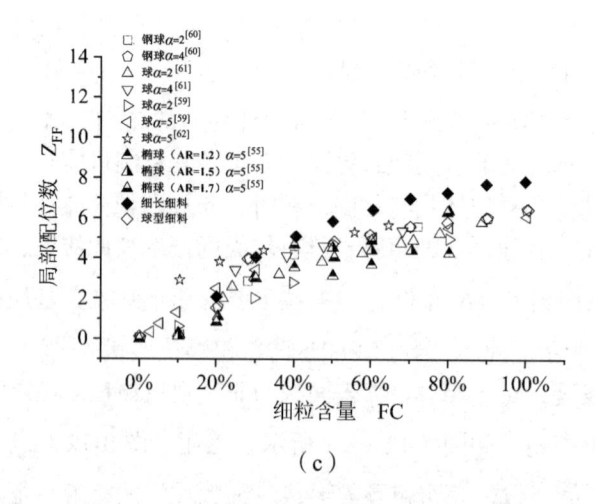

（a）

（b）

（c）

图 3-12　本书与其他文献局部配位数的对比

分析各接触类别占总接触的比例（即 χ_{CC}，χ_{CF} 和 χ_{FF} 如表 3-4 所示）是评估各接触类别对混合体宏观力学贡献的其他途径。如图 3-13 所示，描述了两种不同混合体的 χ_{CC}、χ_{CF} 和 χ_{FF} 随细颗粒含量 FC 的变化趋势。图中也加入了其他文献中密实球形二元混合体[40] 和疏松椭球二元混合体[55] 作为对比。图 3-13 呈现的 χ_{CC}、χ_{CF} 和 χ_{FF} 随 FC 的变化趋势与图 3-11 中各接触类别局部配位数呈现的趋势基本一致。对比本章中两种不同细颗粒形状的结果可发现，除 FC=10% 外，细颗粒形状对 χ_{CC}、χ_{CF} 和 χ_{FF} 的影响较小。因此，尽管细颗粒形状影响 CF 和 FF 接触数量（如表 3-4 所示），但对试样中 CF 和 FF 接触占总接触的比例影响较小。对于特定的 FC，可发现本书中 χ_{CC}、χ_{CF} 和 χ_{FF} 与其他文献中相应的值具有一定差别，这表明粗颗粒形状和试样的初始密实状态将影响二元混合体各接触类别的占比情况。

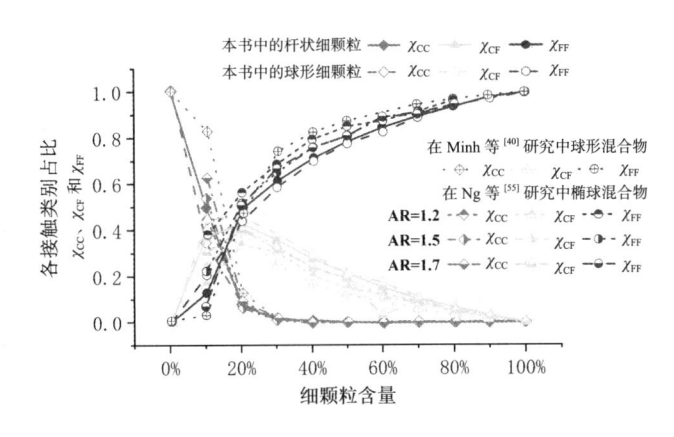

图 3-13 本书与其他文献中各接触类别占总接触占比随细颗粒含量的变化趋势

本书采用以下 33 种颗粒簇模拟粗颗粒，如图 3-14 所示，由于二元混合体中细粒土较粗颗粒形状相对规则，因此采用球体模拟细颗粒，与之前数值试验[13], [14] 的建模方式一致。图中 NS（）表示填充对应颗粒采用的子球数。此外，采用聂志红（Nie）等[63] 提出测量颗粒形状的方法对每个颗粒的球度（S）和圆度（R）进行测量。每个颗粒对应的 S 和 R 值如图 3-14 所示。以往的研究[64], [66] 表明，颗粒的规则度，即 Re=($S+R$)/2，对于定量研究颗粒形状对岩土颗粒材料力学行为的影响是一个较好的参数。因此，图 3-14 中也包含了每个颗粒相应的 Re 值。本章采用的 33 种不同粗颗粒的 R 值较接近。根据西蒙等[67] 提出的颗粒圆度划分标准，本章所采用的粗颗粒（除 No. 9 颗粒外）均可划分至次角状颗粒（即 Re 值处于 0.13 到 0.25 之间）中。本章数值试验中粗颗粒粒径与被扫描碎石的平均直径 D_c=6.71 mm 一致，即每个粗颗粒簇的体积与直径为 6.71 mm 球体体积相同。克利希纳（Krishna）和潘迪（Pandey）[35] 指出当二元混合体的粒径比 $\alpha \geq 4.44$ 时，此时单细颗粒恰好被围于粗颗粒骨架形成的孔隙中。因此粒径比 4.44 是细颗粒对粗颗粒骨架结构影响较小的临界值。当粒径比增加时，二元混合体中的细颗粒数逐渐增多，计算效率则随之逐渐降低。因此，本章采用粒径比 4.44，与洛佩兹（Lopez）等[36], [37] 数值试验所采用的粒径比一致。相应地，细颗粒的直径 D_F=6.71/4.44=1.51 mm。本章采用粗颗粒含量 W 对试样进行命名，例如 W_{60} 表示含石量为 60% 的试样，而 W_0 表示纯细颗粒构成的试样，其他试样命名依此类推。

图 3.14　33 种不同颗粒簇模拟二元混合体中的粗颗粒

采用上一章 2.2 节中介绍的等向压缩法生成试样。不同粗颗粒含量的二元混合体数值模型，其粗颗粒数量与明（Minh）等[40]文中采用的数量一致。相应地，细颗粒数量可根据粗颗粒含量和细颗粒粒径两方面确定。当生成试样时，首先在 175 mm × 175 mm × 175 mm³ 的立方体空间内生成不接触的所有粗细颗粒，其中粗颗粒从图 3-14 所示的颗粒簇中随机抽取。数值试验过程中将重力加速度设为零，并将摩擦系数临时设置为零以制备均匀密实堆积体。以往的研究[58]表明，采用摩擦系数为零时制备的堆积体往往是特定条件下的最密实堆积体。随后采用伺服控制程序等向压缩墙体，目标围压为 σ_c =200 kPa。如图 3-15（a）~图 3-15（c）分别为 W_{20}、W_{50} 和 W_{80} 等向压缩之后的模型初始图，图 3-15（c）中的 l_0、w_0 和 h_0 分别表示试样的初始长宽高。

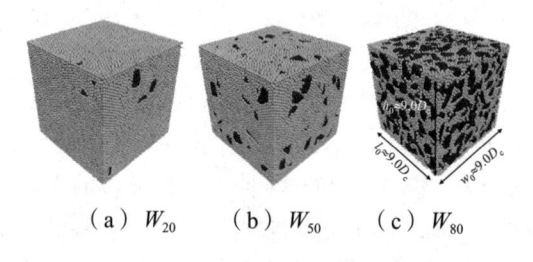

（a）W_{20}　（b）W_{50}　（c）W_{80}

图 3-15　等向压缩后不同含石量试样

3.8　宏观剪切特性

为了研究试样在临界状态时的力学行为，所有试样的轴向应变均剪切至 50%。在此大变形下，达到临界状态时的条件基本满足，即试样满足恒定的应力比和孔隙率。如图 3-16 所示，展示了所有试样的应力比与轴向应变间的关系。由于所有试样采用无摩擦制备密实试样，因此所有试样在初始剪切阶段均呈现较大的初始刚度，并且在较小应变时达到峰值。

所有的应力比在过峰值后，逐渐降低并最终达到临界状态。图 3-16 显示粗颗粒含量会影响试样的峰值和临界抗剪强度。为了更直观地体现这种影响，如图 3-17 所示，描述了峰值（φ_p）和临界（φ_c）内摩擦角与粗颗粒含量间的关系。图中也加入了吴邓达（Ng）等[49]研究中得到的不同长短轴之比（AR）和粒径比 5.0 椭球体的结果进行对比。

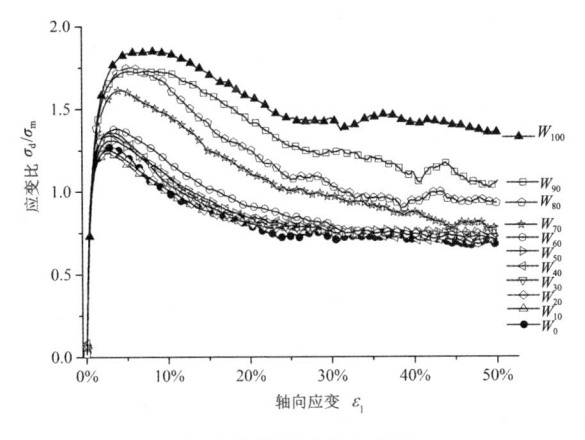

（a）非规则形状粗颗粒

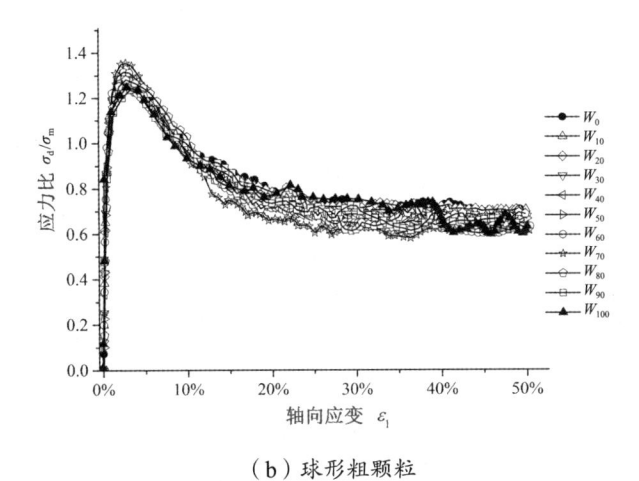

（b）球形粗颗粒

图 3-16　不同粗颗粒形状试样的应力应变关系

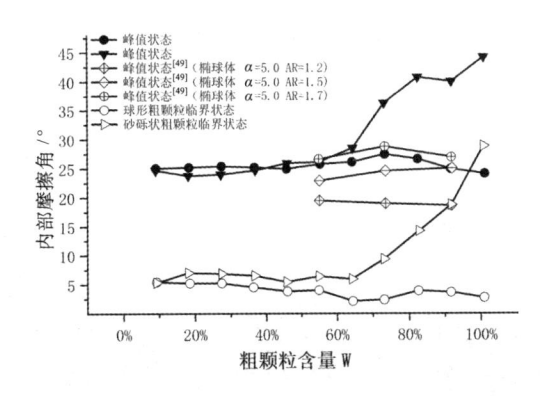

图 3-17　不同粗颗粒形状试样的应力应变关系

图 3-17 显示球形二元混合体的试验结果与吴邓达（Ng）等[49]椭球体的试验结果相似。这与期望的结果不相符，即非规则形状的颗粒体抗剪强度大于球体的抗剪强度。事实上，这种不相符主要归因于不同形状颗粒体的制样方法不同。本书采用无摩擦系数制备均匀密实堆积体，而吴邓达（Ng）等[49]采用摩擦系数 0.1 制备相对疏松的堆积体。此外，对于非规则粗颗粒，可发现当 $W \leqslant 60\%$ 时，粗颗粒增加对 φ_p 和 φ_c 影响较小。然而当 $W>60\%$ 时，发现 φ_p 和 φ_c 均显著增加。φ_p 和 φ_c 关于 W 的变化趋势基本一致，与 Lu 等[85]通过双轴试验研究多面体粗颗粒和圆盘细颗粒构成二元混合体的规律一致。图 3-17 中，当 $W>60\%$ 时，φ_p 和 φ_c 显著增加，这可能与三方面因素相关，即粗颗粒的形状效应、33 种不同粗颗粒形状的组合效应以及随粗颗粒变化时试样级配的变化。图 3-17 显示对于单一形状构成的二元混合体（如本书的粗细颗粒均为球体，吴邓达（Ng）等[49]采用椭球体），它们的 φ_p 和 φ_c 尽管呈现一定波动，但随 W 增加基本不变。该现象说明，对于特定的粗细颗粒形状，改变二元混合体的级配（即 W 变化）对混合体的抗剪强度影响较小。此外，本章下文也证实粗颗粒形状的组合效应对二元混合体的峰值和临界抗剪强度的影响较小，因此可推断 φ_p 和 φ_c 显著增加主要归因于粗颗粒的形状效应。当 $W>60\%$ 时，二元混合体中的粗颗粒形成了骨架结构，当粗颗粒含量进一步增加时，粗颗粒间的咬合作用导致 φ_p 和 φ_c 逐渐增加。

依照斯科尔特斯（Scholtes）等[69]的研究，将颗粒咬合度定量为

$$m^p = \text{tr}(M^p)$$

其中，M^p 是指颗粒体的内部力矩张量，可按照 $M^p = \sum_{\alpha \in p} f_i^\alpha d_i^\alpha$ 进行计算，其中 d 表示对于特定接触 α（接触力为 f），相应颗粒 p 的形心到接触的向量。因此，颗粒体中颗粒的平均咬合度 DI 可依据下式计算：$\text{DI} = \sum_{p \in N_n} m^p / N_p$，其中，$N_p$ 代表颗粒数量。为了定量研究非规则粗颗粒构成试样的平均咬合作用，本书研究了参数 DI 随 W 的变化规律（图 3-18）。从图中可以看出，峰值和临界状态时 DI 随 W 变化趋势基本一致。当 $W \leqslant 60\%$ 时，峰值和临界状态时对应的 DI 值基本不变。然而，当 $W>60\%$ 时，随着 W 进一步增加，DI 值迅速增加。对比图 3-17 和图 3-18 可发现，图 3-18 中 DI 随 W 的变化趋势与图 3-17 中抗剪强度随 W 的变化趋势基本一致。该现象表明当 $W>60\%$ 时，图 3-17 中峰值和临界抗剪强度迅速增加，主要归因于粗颗粒间的咬合作用。颗粒材料的抗剪强度主要与粒间摩擦和颗粒形状相关。当 $W \leqslant 60\%$ 时，随着粗颗粒含量逐渐增加，二元混合体逐渐由细颗粒控制材料向粗-细颗粒共同作用材料逐渐过渡，但此时尚未形成粗颗粒的骨架结构。试样此时的抗剪强度主要由 FF 和 CF 接触的摩擦作用控制，受粗颗粒间咬合作用影响较小。在本章中，由于不同的接触类别的摩擦系数均为相同值（即 $\mu=0.5$）。因此当 $W \leqslant 60\%$ 时，试样的峰值和临界抗剪强度随粗颗粒含量增加基本不变。上述现象表明，W 为 60%~70% 是二元混合体由粗-细颗粒共同作用材料向粗颗粒控制材料过渡的临界粗颗粒含量。此临界含量与以往文献中得到的二元混合体的最小孔隙率相应的粗颗粒含量基本一致。另外，该临界粗颗粒含量也与其他文献中获得的临界粗/细颗粒含量一致，如细颗粒含量约为 30%~40% 时，淤泥质砂土液化抵抗突变现象，特瓦纳亚加姆（Thevanayagam）等[83]将此细颗粒含量命名为阈值细颗粒含量、杨少利（Yang）等[70]将其命名为细颗粒含量过渡值、波利托（Polito）和马丁（Martin）[71]将其命名为极限细颗粒含量。

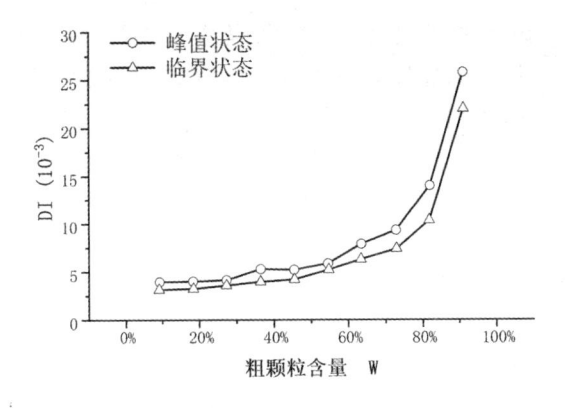

图 3-18 峰值和临界状态时各试样的平均咬合度 DI 与粗颗粒含量间的关系

尽管本章中构建数值模型时随机选取粗颗粒，然而目前的试验结果仍不能排除粗颗粒形状和含量的影响。图 3-17 中的试验结果可能是不同粗颗粒形状的组合效应。为了评估该效应的潜在影响，额外补充了 W_{80} 的三轴剪切试验。以往的研究[64],[66]表明，颗粒材料的形状参数 Re 与其抗剪强度密切相关。采用三种不同粗颗粒（即最小 Re 值 No.9、平均 Re 值 No.23 及最大 Re 值 No.17 颗粒）来构建 W_{80} 数值模型并进行相关三轴剪切试验。此外，采用随机选取的方式构建三种不同的随机模型试样。如图 3-19 所示，给出了粗颗粒的相关信息（包含颗粒的 Re 值和试样的孔隙率值 n_0）及其应力应变关系曲线。对于特定的由单颗粒构成的混合体试样，n_0 和剪切强度随 Re 值增加而稍微增加。该试验现象与先前物理试验[81],[83]的结果一致。对于四种不同的随机试样以及特定 No.23 号粗颗粒，可发现它们的 n_0 和剪切强度基本一致。该现象表明不同粗颗粒的联合效应对试样的初始孔隙率和剪切强度的影响较小，可能的原因是本章中粗颗粒的形状相近（即 Re 值接近），随机选取粗颗粒的方式平均掉了 Re 值的影响。此外，先前的物理试验结果发现砂土的临界状态摩擦角 φ_c 随 R 增加而线性降低，例如曹圭忠（Cho）等[64]发现的 $\varphi_c=42-17R$、杨峻（Yang）等[65]发现的 $\varphi_c=41.20-21.21R$ 及苏惠生（Suh）等[66]发现的 $\varphi_c=25.02(1-R)+20$。本章中，根据 W_0 试样和 W_{100} 的 φ_c 和相应的 R 值，两者的关系可拟合为 $\varphi_c=38.01-19.72R$，与杨峻（Yang）等[65]得到的线性关系 $\varphi_c=41.20-21.21R$ 较接近。将来将针对粗颗粒形状对混合体颗粒材料宏细观力学特性的影响开展研究。

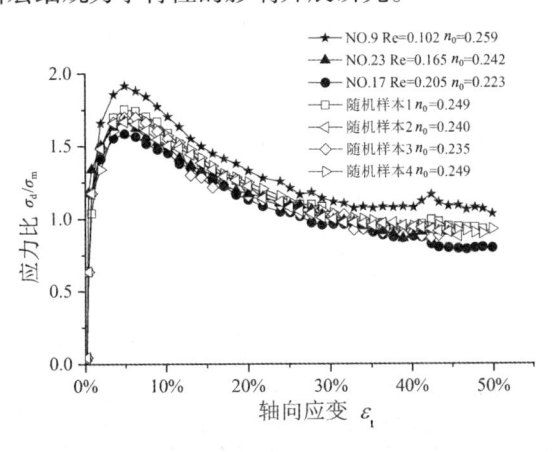

图 3-19 粗颗粒信息及其应力应变关系

图 3-20（a）描述了试样的体积应变与轴向应变 ε_1 的关系。从图中可看出，所有试样的初始阶段经历轻微剪缩，然后持续膨胀直至达到特定的稳定值，认为此时试样达到临界状态。试样的体积膨胀可采用剪胀角（ψ）进行表达。图 3-20（b）描述了 ψ 随 ε_1 的变化趋势。对于所有试样，可发现 ψ 初始值均为负数，与图 3-20（a）中显示的初始试样呈现剪缩反应一致，随后 ψ 逐渐增加直至峰值，然后逐渐降低并接近零，此时对应临界状态时的等体积变形。图 3-20（b）中也描述了峰值剪胀角 ψ_p 与含石量间的关系，并加入了球形粗颗粒的结果进行对比。

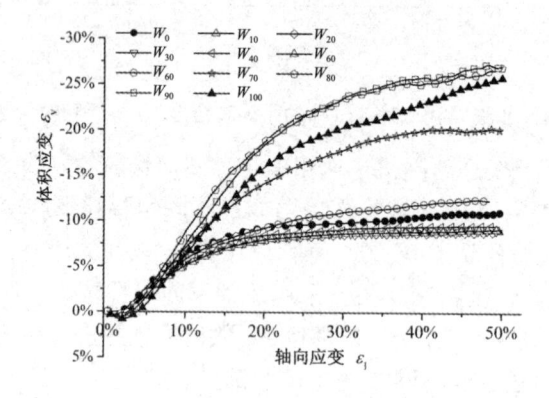

（a）体积应变 - 轴向应变关系

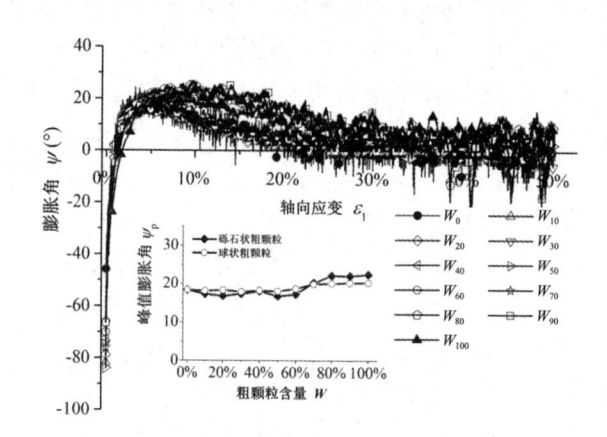

（b）剪胀角与轴向应变关系

图 3-20　不同粗颗粒形状和含量试样的体积变形

注：（b）中内插图为峰值剪胀角与粗颗粒含量间的关系。

博尔顿（Bolton）等[72]总结了各类砂土的抗剪强度和峰值剪胀角之间的经验关系：

$$\varphi_p=\varphi_c+a\psi_p \tag{3-8}$$

其中，a 是剪胀系数，它表示剪胀作用对峰值抗剪强度的相应贡献，且与土的种类有关。博尔顿（Bolton）等[72]发现对于三轴试验，砂土的 a=0.48。如图 3-21 所示，描绘了 a（=$(\varphi_p-\varphi_c)/\psi_p$）随粗颗粒含量的变化趋势，用于研究混合体的应力剪胀关系。从图中可以看出，对于非规则粗颗粒和球形粗颗粒，a 随 W 的变化趋势基本一致。当 W<60%~70% 时，

可发现 a 随 W 缓慢增加,这表示此时剪胀作用对峰值抗剪强度的贡献逐渐增加。然而当 $W \geqslant 60\%{\sim}70\%$ 时,a 逐渐降低,表示此时剪胀作用对峰值抗剪强度的贡献逐渐减小。

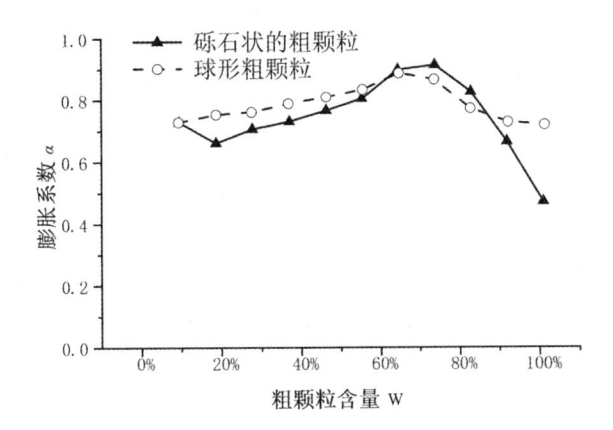

图 3-21 不同粗颗粒形状和含量二元混合体试样的剪胀系数随粗颗粒含量的变化趋势

3.9 介观剪切特性

本章的重点侧重于定量研究试样变形和含石量改变时,各接触类别对偏应力的贡献值。对于特定体积 v 的试样,其在外部作用下的平均应力可表达为

$$\sigma_{ij} = \frac{1}{v}\sum_{c \in N_c} f_i^c d_i^c \tag{3-9}$$

其中,N_c 表示试样内的总接触数;c 为某特定接触;f^c 代表特定接触 c 的接触力;d^c 代表特定接触 c 的枝向量。

各接触类别对偏应力的贡献值可按下式计算:

$$C_{CC} = \frac{\sigma_d^{CC}}{\sigma_d} \times 100\% = \frac{\left(\sigma_1^{CC} - 0.5\left(\sigma_2^{CC} + \sigma_3^{CC}\right)\right)}{\sigma_d} \times 100\% \tag{3-10}$$

$$C_{CF} = \frac{\sigma_d^{CF}}{\sigma_d} \times 100\% = \frac{\left(\sigma_1^{CF} - 0.5\left(\sigma_2^{CF} + \sigma_3^{CF}\right)\right)}{\sigma_d} \times 100\% \tag{3-11}$$

$$C_{FF} = \frac{\sigma_d^{FF}}{\sigma_d} \times 100\% = \frac{\left(\sigma_1^{FF} - 0.5\left(\sigma_2^{FF} + \sigma_3^{FF}\right)\right)}{\sigma_d} \times 100\% \tag{3-12}$$

其中,σ_k^{CC}、σ_k^{CF} 及 σ_k^{FF} 可按式(3-9)分别限制 CC、CF 和 FF 接触进行计算,其中 k=1、2 和 3 分别代表竖直轴向应力和水平侧向应力。如图 3-22(a)~图 3-22(c)所示,分别展示了 CC、CF 和 FF 接触对抗剪强度贡献值随轴向应变 ε_1 的变化趋势。图中实黑点和虚线框分别表示峰值和临界状态。如表 3-5 所示列出了峰值和临界状态时 C_{CC}、C_{CF}、C_{FF},以及相应的轴向应变值。从图 3-22(a)图 3-22(c)和表 3-5 中可明显看出含石量将影响峰值和临界状态时的 C_{CC}、C_{CF} 和 C_{FF} 值。如图 3-23 所示描绘了峰值和临界状态时 C_{CC}、C_{CF} 和 C_{FF} 随 W 的变化趋势。

(a) C_{CC}

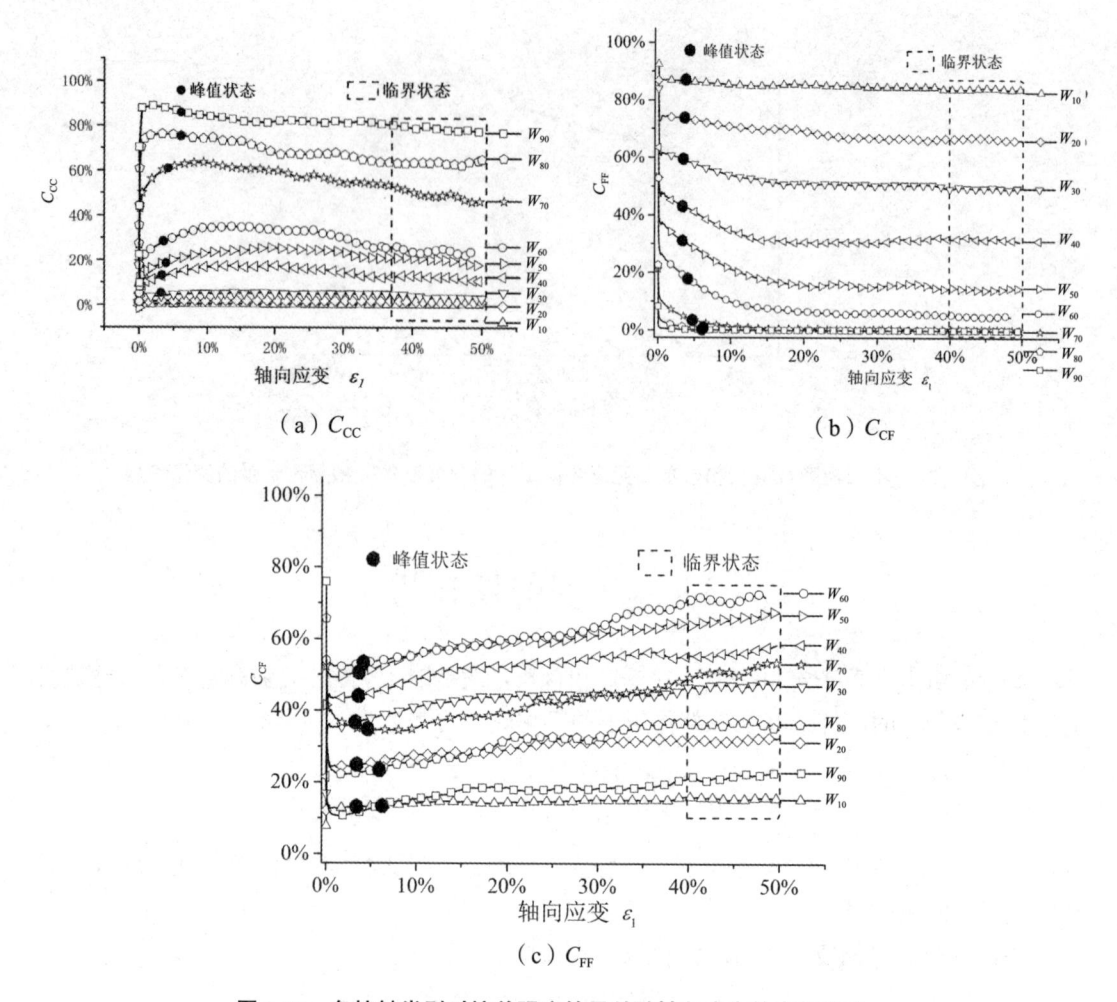

(b) C_{CF}

(c) C_{FF}

图 3-22 各接触类别对抗剪强度的贡献随轴向应变的变化趋势

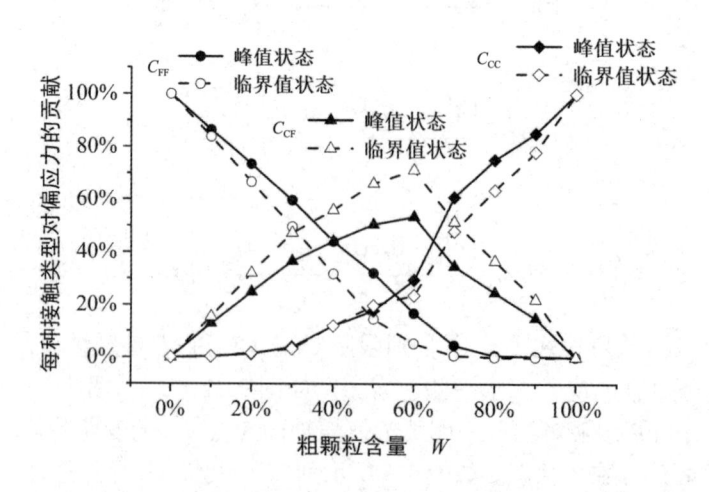

图 3-23 各试样内各接触类别峰值和临界状态时对抗剪强度贡献随粗颗粒含量的变化趋势

表 3-5 峰值和临界状态各接触对抗剪强度贡献值以及相应的轴向应变值

试样	ε_p	ε_c	峰值状态			临界状态		
			C_{FF}	C_{CF}	C_{CC}	C_{FF}	C_{CF}	C_{CC}
W_0	3.0%	40%~50%	100%	0%	0%	100%	0%	0%
W_{10}	3.0%	40%~50%	87%	13%	0%	84%	16%	0%
W_{20}	3.0%	40%~50%	73%	25%	2%	67%	31%	2%
W_{30}	3.0%	40%~50%	59%	27%	4%	50%	45%	5%
W_{40}	3.4%	40%~50%	44%	44%	12%	30%	55%	15%
W_{50}	3.8%	40%~50%	32%	50%	18%	15%	61%	24%
W_{60}	3.8%	40%~50%	17%	53%	30%	6%	64%	30%
W_{70}	5.0%	40%~50%	4%	35%	61%	1%	45%	54%
W_{80}	6.6%	40%~50%	1%	24%	75%	0%	32%	68%
W_{90}	6.8%	40%~50%	0%	15%	85%	0%	19%	81%
W_{100}	7.8%	40%~50%	0%	0%	100%	0%	0%	100%

从图中可明显看出，随着含石量增加，峰值和临界状态下 C_{CC} 均逐渐增加，而 C_{FF} 均逐渐降低。然而，C_{CF} 随含石量增加先逐渐增加，当 W=60% 时达到峰值后逐渐降低。对于特定的 W，对比峰值和临界状态下 C_{CC}、C_{CF} 和 C_{FF} 的值，可发现 C_{CF} 值临界状态时较高，而 C_{FF} 值临界状态时较低。此外，当 $W \leqslant 50\%$ 时，C_{CC} 在峰值和临界状态值较接近，然而当 $W>50\%$ 时，C_{CC} 值在临界状态值时较低。同时，图 3-23 表明 C_{CC}、C_{CF} 和 C_{FF} 值的相对大小与含石量及轴向应变有关。对于 $W \leqslant 40\%$ 峰值状态和 $W \leqslant 30\%$ 临界状态时对应的试样而言，可以明显看出此时 FF 接触主导混合体的偏应力，CF 提供次要的贡献值，而 CC 接触的贡献可忽略不计。对于 40%<$W \leqslant 50\%$ 峰值状态和 30%<$W \leqslant 48\%$ 临界状态时对应的试样而言，可以发现此时 CF 接触主导混合体的偏应力，FF 提供次要的贡献值，而 CC 接触的贡献最小。对于 55%<$W \leqslant 65\%$ 峰值状态和 48%<$W \leqslant 70\%$ 临界状态时对应的试样而言，可以发现 CF 接触仍然主导混合体的偏应力，而此时 CC 提供次要的贡献值，FF 接触的贡献最小。对于 $W>65\%$ 峰值状态和 $W>70\%$ 临界状态时对应的试样而言，可以发现 CC 接触对偏应力的贡献最大，CF 提供次要的贡献值，且 FF 接触的贡献可忽略不计。

洛佩兹（Lopez）等[37]依据各接触类别对抗剪强度的贡献值是否占主导地位将不同含石量的土石混合体划分为四个区间，即 G1，细颗粒支撑结构；G2，细颗粒过渡支撑结构；G3，粗颗粒过渡支撑结构；G4，粗颗粒支撑结构。具体而言，细颗粒支撑结构是指大多数粗颗粒悬浮于细颗粒构成的基质中，仅有少量的粗颗粒接触；细颗粒过渡支撑结构是指粗颗粒接触数明显增多并相互作用进而对混合体的力学行为产生影响；粗颗粒过渡支撑结构是指粗颗粒形成了支撑外部荷载的骨架结构，细颗粒主要填充在骨架结构的孔隙内，少部分细颗粒通过与粗颗粒的相互作用进而影响混合体的力学行为；粗颗粒支撑结构是指此时混合体的力学行为完全由粗颗粒所主导，细颗粒此时基本位于粗颗粒骨架形成的孔隙内。依据洛佩兹（Lopez）等[37]提出的分类准则，本书列出了土石混合体分类相应的含石量界限值（表3-6）。表中也加入了其他文献中物理试验[8]，[73-75]和数值试验[37]的结果进行对比。需要说明的是，当含石量界限值不位于0~100%中的整数含石量值时，采用两整数含石量间的线性插值。从表3-6可看出，峰值状态时，$W \leq 40\%$、$40\% < W \leq 55\%$、$55\% < W \leq 65\%$及$W > 65\%$可分别划分为G1~G4类别。相似地，临界状态时，$W \leq 30\%$、$30\% < W \leq 48\%$、$48\% < W \leq 70\%$及$W > 70\%$可分别划分为G1-G4类别。上述结果表明土石混合体的分类结果与试样的变形相关。陈铭熙[42]定义土石混合体的两个关键含石量界限值分别为G1~G2的含石量界限值W_f，和G3~G4的含石量界限值W_c。从表3-6中可以发现，峰值状态时两个关键含石量界限值分别为$W_f=40\%$和$W_c=65\%$，而临界状态时两个关键含石量界限值分别为$W_f=30\%$和$W_c=70\%$。关键含石量界限值在峰值和临界状态下存在差异，这主要归因于图3-23中峰值和临界状态下不同接触类别对抗剪强度的贡献值随含石量的变化规律不同。上述峰值和临界状态时的关键含石量界限值与文献中提到的含石量阈值W_f为30%~40%和W_c为70%~80%接近，尤其是临界状态时的含石量界限值（即$W=30\%$和$W=70\%$）与W_f为30%~40%和W_c为70%~80%更接近。野外土石混合体常为松散堆积体，基于原位试验探究其力学行为时发生剪缩反应，试样往往在较大应变时达到峰值（即临界状态）。徐文杰（Xu）等[75]基于现场直剪试验发现$W_f=30\%$，$W_c=70\%$，与临界状态对应的关键含石量界限值（即$W_f=30\%$和$W_c=70\%$）一致。然而，本章与其他文献的结果也存在差异。例如，瓦列霍（Vallejo）[8]，[74]对玻璃粉混合体和渥太华砂-黏土混合体进行直剪试验，陈铭熙[59]对圆盘状混合体、洛佩兹（Lopez）等[54]对球状混合体进行数值试验，发现粗颗粒偏圆状的二元混合体的W_c为75%~80%，较本书得到的W_c范围是65%~70%值高。这表明对于偏圆状粗颗粒的二元混合体将在相对较大的粗颗粒含量时形成粗颗粒的骨架结构。下文将给出具体的解释说明。

表3-6 二元混合体的分类结果及相应分类结果的界限粗颗粒含量

组别		G1	G2	G3	G4
组构		填充结构	交互式填充结构	交互式填充结构	交互式填充结构
每种接触类型的贡献		FF>CF>CC CC~0%	CF>FF>CC	CF>CC>FF	CC>CF>FF FF~0%
数值结果	本研究中的极限（峰值状态）	$W \leq 40\%$	$40\% < W \leq 55\%$	$55\% < W \leq 65\%$	$W > 65\%$
	本研究中的极限（临界状态）	$W \leq 30\%$	$30\% < W \leq 48\%$	$48\% < W \leq 70\%$	$W > 70\%$
	洛佩兹（Lopez）等人的限制[37]（d=100 kPa）	$W < 45\%$	$45\% < W < 60\%$	$60\% < W < 75\%$	$W > 75\%$
试验结果	Vall[8]的极限（峰值状态）	$W \leq 40\%$	$40\% < W \leq 70\%$	$70\% < W \leq 80\%$	$W > 80\%$

续表

组别		G1	G2	G3	G4
	组构	填充结构	交互式填充结构	交互式填充结构	交互式填充结构
试验结果	瓦列霍（Vallejo）[74]的极限（峰值状态）	$W \leq 40\%$	-	-	$W > 75\%$
	在Kuenza等人的限制[73]（峰值状态）	$W \leq 40\%$	-	-	-
	徐文杰（Xu）等人的极限[75]（临界状态）	$W \leq 30\%$	-	-	$W \geq 70\%$

弗拉加西(Fragaszey)等[9]提出了基质模型用于描述沙砾土的阈值力学行为。具体而言，弗拉加西（Fragaszey）等[9]发现沙砾土的力学行为与其粗颗粒-粗颗粒接触（即CC接触）状态密切相关。实际上，土石混合体内CC接触的接触状态可用粗颗粒的局部配位数 Z_c 来反映。Z_c 可通过试样内部的CC接触数 NC_{cc}（非子颗粒间的接触）与总粗颗粒数 N_{cp} 之比来进行计算。如图3-24所示描绘了粗颗粒局部配位数 Z_c 随含石量 W 间的变化趋势。图中也加入了其他文献中球形二元混合体进行对比，如平森（Pinson）等[60]对粒径比 $\alpha=2$ 和4的钢球混合体进行压缩试验，比亚佐（Biazzo）等[44]对 $\alpha=2$ 和4的颗粒混合体进行数值试验，孟令一（Meng）等[59]对 $\alpha=2$ 和5的颗粒混合体进行数值试验，罗德里格斯（Rodriguez）等[79]对 $\alpha=5$ 的颗粒混合体进行数值试验。如图3-24所示，所有的 Z_c 值随 W 增加而逐渐增加。此外，从图中也可看出，当 $W \leq 40\%$ 时，本文的 Z_c 值与其他文献中 Z_c 值基本一致。这主要归因于此时粗颗粒主要悬浮于细粒土基质中，因此粗颗粒形状对 Z_c 值的影响较小。然而，当 $W > 40\%$ 时，可明显看出本书的 Z_c 值要大于其他文献中球形混合体对应的 Z_c 值。由于本书中相对较大的 Z_c 值，因而非规则粗颗粒构成的二元混合体在相对较小 W 时形成了粗颗粒骨架结构。因此，本章中相对球形颗粒混合体的 W_c 较小，这主要与粗颗粒的形状相关。

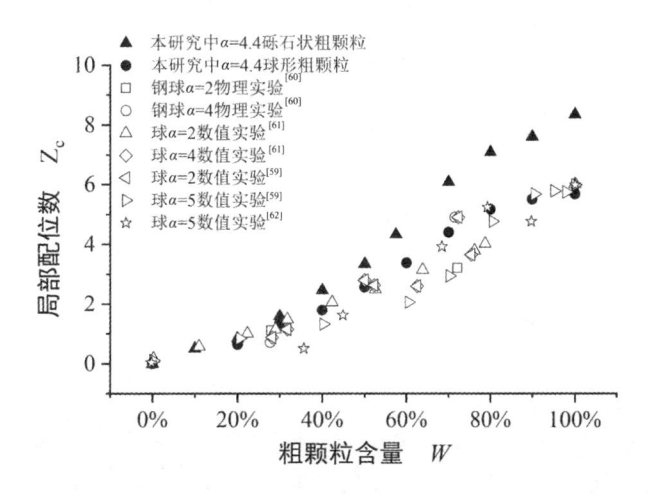

图3-24 本章和其他文献中粗颗粒的局部配位数随粗颗粒含量的变化趋势

3.10 细观剪切特性

如表 3-6 所示，土石混合体在峰值和临界状态时的分类结果不同。这主要与图 3-23 中描述的 C_{CC}、C_{CF} 和 C_{FF} 的相对大小随轴向应变而逐渐变化相关。本节将针对非规则粗颗粒构成的土石混合体，从细观尺度阐明 C_{CC}、C_{CF} 和 C_{FF} 从峰值到临界状态发生变化的原因。C_{CC}、C_{CF} 和 C_{FF} 值与各接触类别的比例和相应的接触力大小相关。因此，本书首先对颗粒系统中各接触类别在峰值和临界状态时的法向接触力和相应接触类别占总接触的比例进行了分析。

定义颗粒系统内所有接触的法向接触力平均值为平均法向接触力 f_n。表 3-7 列出了各试样中各接触类别在峰值和临界状态的平均法向接触力值。从表中可看出，不同含石量试样的 f_n 值变化较大，表明 f_n 值与含石量密切相关。对于特定试样，各接触类别的 f_n 值不同，其中，CC 接触的 f_n 值最大，CF 接触的 f_n 值次之，而 FF 接触的 f_n 值最小，与以往数值试验[40],[76]发现的规律一致。在外荷载作用下，粗颗粒较细颗粒更稳定，这主要是由于粗颗粒拥有更大的配位数。因此，粗颗粒在混合体中主要起到稳定传递接触力的作用，这也正是 CC 接触的接触力最大，而 CF 和 FF 接触的接触力相对较小的原因。此外，表 3-7 显示各接触类别的 f_n 值在峰值和临界状态时不同。具体而言，对于 CC 和 CF 接触，它们在临界状态的 f_n 值较峰值状态大，而 FF 接触在临界状态时的 f_n 值相对较小。

表 3-7　峰值和临界状态时各接触类别的平均法向接触力

组合	CC 接触的 f_n/N 峰值状态	临界状态	CF 接触的 f_n/N 峰值状态	临界状态	FF 接触的 f_n/N 峰值状态	临界状态
W_0	0.00	0.00	0.00	0.00	0.84	0.74
W_{10}	2.40	4.01	1.23	1.50	0.98	0.90
W_{20}	2.34	4.11	1.25	1.58	1.01	0.96
W_{30}	2.50	3.14	1.28	1.66	1.02	0.77
W_{40}	3.33	3.50	1.41	1.77	0.90	0.69
W_{50}	2.81	3.55	1.40	2.03	1.02	0.77
W_{60}	3.06	3.59	1.60	2.03	1.01	0.63
W_{70}	3.50	3.66	1.60	2.94	0.82	0.45
W_{80}	3.91	3.92	2.25	3.67	0.70	0.56
W_{90}	4.02	4.04	3.28	4.45	0.99	0.93
W_{100}	6.99	8.21	0.00	0.00	0.00	0.00

受剪颗粒体系内存在强弱接触，其构成了强弱力链网络[77]。强接触是指颗粒体系内接触力大于平均接触力相应的接触，而弱接触是指颗粒体系内接触力小于平均接触力相应的接触。事实上，强弱接触在颗粒体系中承担的角色不同，其中强接触形成了类固体的支撑体来传递接触力，而弱接触力形成类液体的滑动体来支持强接触稳定传递接触力[44]。各接触类别的强弱接触占总接触的比例，即 P_{mn}^S 和 P_{mn}^W（mn 表示 CC、CF 和 FF 接触），其中，

S 和 W 分别表示强接触和弱接触。如图 3-25（a）、图 3-25（b）所示，分别描绘了 P_{mn}^S 和 P_{mn}^W 随含石量的变化趋势。从图中可明显看出，P_{mn}^S 和 P_{mn}^W 随 W 的变化规律基本一致。具体而言，P_{CC}^S 和 P_{CC}^W 随 W 增加而逐渐增加，而 P_{FF}^S 和 P_{FF}^W 随 W 增加而逐渐降低。另外，P_{CF}^S 和 P_{CF}^W 随 W 增加而先增加，当 W=70%~80% 达到峰值，随后逐渐降低。从图 3-25（a）可以看出，对于强接触，P_{FF}^S 和 P_{CF}^S 临界状态时分别较峰值状态时的值小和大。桑顿（Thornton）和安东尼（Antony）[95] 指出强接触主要沿 σ_1 分布并承担绝大部分偏应力值。因此，当轴向应变从峰值状态发展至临界状态过程中，减少的 FF 接触将导致 C_{FF} 降低，而增加的 CF 接触将导致 C_{CF} 增加，如图 3-23 所示。此外，图 3-25（a）显示 P_{CC}^S 峰值和临界状态时基本一致。然而，图 3-25（b）显示，当 W>60% 时，P_{CC}^W 值临界状态时较峰值状态时大。桑顿（Thornton）和安东尼（Antony）[95] 指出弱接触主要沿 σ_3 分布并与偏应力值负相关。因此，相较于峰值状态，临界状态时增加的 CC 弱接触将导致 C_{CC} 临界状态时降低，如图 3-23 所示。

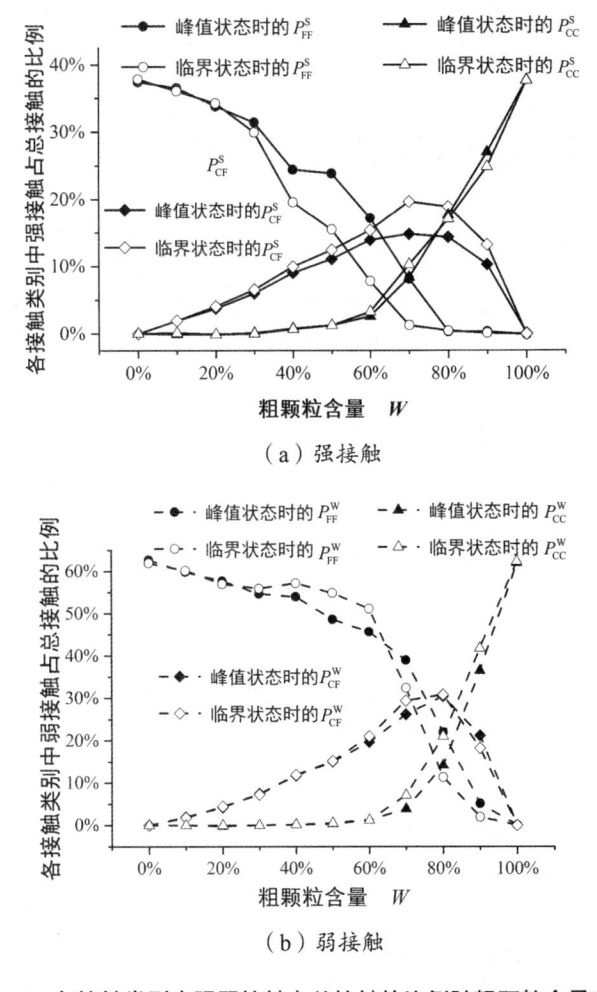

（a）强接触

（b）弱接触

图 3-25　各接触类别中强弱接触占总接触的比例随粗颗粒含量变化趋势

在本章数值模拟中，颗粒间接触滑动依据库仑摩擦定律，认为发生接触滑动时需满足

$|f_t|/(\mu f_t) > 0.9999$。对于特定的土石混合体试样，其接触滑动百分比（即SCP）可按下式进行计算：

$$SCP = NC_s / N_C \times 100\% \quad (3\text{-}13)$$

其中，NCS 表示试样中滑动接触数量。如图 3-26 所示，描绘了各试样 SCP 随轴向应变的变化趋势。从图中可看出，SCP 先逐渐增加至峰值，然而逐渐降低至稳定状态，与先前数值试验[34],[79]观察的结果一致。此外，从图中可以看出，当 W 由 0% 增加至 60% 时，SCP 稳定值由 28% 逐渐增加至 52%。试样 W_{100} 的接触滑动百分比稳定阶段明显高于试样 W_0 的相应值，这是由于非规则粗颗粒相较球形颗粒具有较强的抗转动能力，因此试样变形过程中使得更多接触发生滑动以调节试样的整体变形[80]。本章前文的结论表明，非规则粗颗粒构成的土石混合体在 W 为 60%~70% 时形成粗颗粒的骨架结构，此时进一步增加粗颗粒含量将导致更多粗颗粒间彼此接触，因此将促进粗颗粒间更强的咬合作用（图3-18），进而导致当 $W \geq 60\%$ 时 SCP 稳定阶段快速增加，如图 3-26 所示。

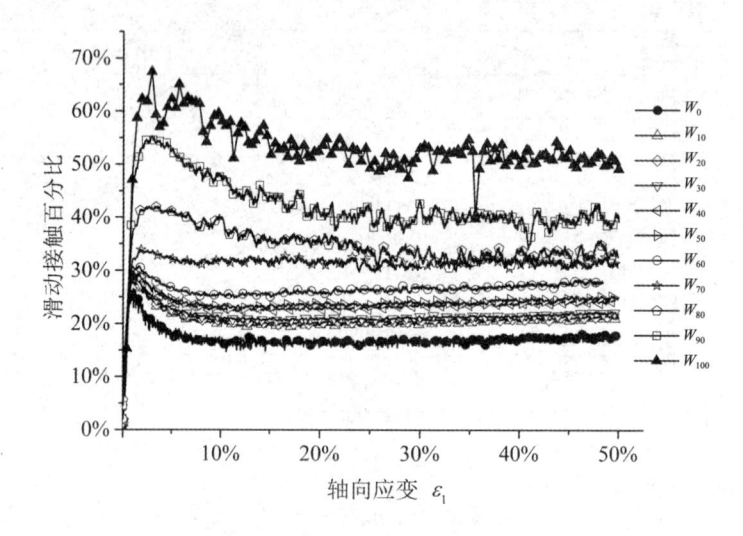

图 3-26 各接触类别的滑动接触百分比随轴向应变的变化规律

3.11 组构异性分析

上文通过分析土石混合体宏细观剪切特性，探究了粗颗粒形状效应和含石量对土石混合体的宏细观力学行为的影响。为进一步研究土石混合体宏细观抗剪特性间的联系，本节对峰值状态和临界状态时试样内应力诱使组构异性进行了分析，研究重点是评估各组构异性系数随含石量 W 的变化规律，进而揭示宏观抗剪强度的细观组构异性机制。以往的研究表明应力诱使组构异性是颗粒材料的重要特征之一，可分为几何组构异性和力学组构异性[34],[77],[79],[81]。几何组构异性是指接触和枝向量在各方向上的分布存在差异的现象，几何组构异性的程度可用接触组构异性系数 a_c 和枝向量组构异性系数 a_d 进行度量。力学组构异性是指法向接触力的大小和切向接触力的大小在各方向上的分布存在差异的现象，力学组构异性的程度可用法向接触力组构异性系数 a_n 和切向接触力组构异性系数 a_t 进行度量。几何和力学组构异性系数间相互影响，并承担试样的剪应力。

Satake 提出了一种基于组构张量定量测量颗粒体系组构异性张量的方法，如下式所示：

$$\phi_{ij} = \int_\Omega E(\Omega) \boldsymbol{n}_i \boldsymbol{n}_j \mathrm{d}\Omega = \frac{1}{N_c} \sum_1^{N_c} \boldsymbol{n}_i \boldsymbol{n}_j \tag{3-14}$$

其中，$\boldsymbol{n}$ 是单位接触向量；i,j=1，2，3 分别代表轴向和侧向方向，除非另有说明，重复下标满足爱因斯坦求和约定；Ω 表示所有单位向量 $\boldsymbol{n}$ 在全局坐标系下的接触方向；$E(\Omega)$ 是指接触法向在单位球体表面的概率密度分布函数，可用下式进行计算：

$$E(\Omega) = \frac{1}{4\pi}\left(1 + a_{ij}^c \boldsymbol{n}_i \boldsymbol{n}_j\right) \tag{3-15}$$

其中，a_{ij}^c 是二阶组构异性张量，用于定量颗粒体系内的接触组构。将式（3-15）代入式（3-14）整理后有：

$$a_{ij}^c = \frac{15}{2}\phi_{ij}' \tag{3-16}$$

其中，ϕ_{ij}' 是偏组构张量。通过上述相似方式可计算法向和切向接触力组构异性，可按下式计算：

$$F_{ij}^n = \frac{1}{4\pi}\int_\Omega f^n\left(\boldsymbol{n}_i \boldsymbol{n}_j \mathrm{d}\Omega\right) = \sum_1^{N_c} \frac{f_n \boldsymbol{n}_i \boldsymbol{n}_j}{N_c\left(1 + a_{kl}^c \boldsymbol{n}_k \boldsymbol{n}_l\right)} \tag{3-17}$$

$$f^n(\Omega) = f_0\left(1 + a_{ij}^n \boldsymbol{n}_i \boldsymbol{n}_j\right) \tag{3-18}$$

$$F_{ij}^t = \frac{1}{4\pi}\int_\Omega f^t(\Omega) t_i \boldsymbol{n}_j d\Omega = \sum_1^{N_c} \frac{f_t t_i \boldsymbol{n}_j}{N_c\left(1 + a_{kl}^c \boldsymbol{n}_k \boldsymbol{n}_j\right)} \tag{3-19}$$

$$f^t(\Omega) = f_0\left(a_{ij}^t \boldsymbol{n}_j - \left(a_{ij}^t \boldsymbol{n}_i \boldsymbol{n}_j\right)\boldsymbol{n}_i\right) \tag{3-20}$$

式 3-18 和 3-19 分别表示 F_{ij}^n 和 F_{ij}^t 的概率分布，a_{ij}^n 和 a_{ij}^t 分别表示法向接触力和切向接触力的二阶组构张量，用于定量测量法向接触力和切向接触力组构异性程度。a_{ij}^n 和 a_{ij}^t 可用下式进行计算：

$$a_{ij}^n = \frac{15F_{ij}^{n'}}{2\overline{f}_0}, \quad a_{ij}^t = \frac{15F_{ij}^{n'}}{3\overline{f}_0} \tag{3-21}$$

其中，$F_{ij}^{n'}$ 和 $F_{ij}^{t'}$ 分别是 F_{ij}^n 和 F_{ij}^t 的偏张量；$\overline{f}_0 = F_{ii}^n$。与法向接触力和切向接触力的组构异性张量计算方法相似，法向枝向量 $\boldsymbol{a}_{ij}^{bn}$ 和切向枝向量 $\boldsymbol{a}_{ij}^{bt}$ 可分别基于枝向量组构张量 B_{ii}^n 和 B_{ii}^t 进行计算：

$$a_{ij}^{bn} = \frac{15B_{ij}^{bt}}{2\bar{b}_0} a_{ij}^{bt} = \frac{15B_{ij}^{t'}}{3\bar{b}_0} \qquad (3-22)$$

其中，$\bar{b}_0 = B_{ii}^n$。此处法向和切向枝向量是枝向量在接触法向和切向方向的投影。采用式3-23的形式（即 a_{ij}^c、a_{ij}^n、a_{ij}^t、a_{ij}^{bt} 和 a_{ij}^{bt} 的第二不变量）分别表征法向接触力大小、切向接触力大小、法向枝向量长度和切向枝向量长度在不同方向上分布的异性程度。

$$a_* = \mathrm{sign}\left(a_{ij}^* \sigma_{ij}^*\right) \sqrt{\frac{3}{2} a_{ij}^* a_{ij}^*} \qquad (3-23)$$

Guo 和 Zhao[81] 也采用了相似的来反映各组构异性张量的异性程度。另外，Guo 和 Zhao[81] 推导了应力-力-组构异性间的关系，发现三轴加载试验条件下，球形颗粒集合体的应力比与各组构异性系数间有以下关系式成立：

$$\frac{\sigma_d}{\sigma_m} = 0.4\left(a_c + a_n + 1.5a_t + a_{bn} + 1.5a_{bt}\right) \qquad (3-24)$$

需要说明的是，式（3-24）右侧忽略了两组构异性系数间的乘积项，且等式成立基于接触力和枝向量无关假定。然而，前文的研究结果表明，二元混合体中 CC 接触的接触力最大，CF 接触的接触力次之，而 FF 接触的接触力最小，该现象表明二元混合体内接触力与枝向量相关。换言之，颗粒体系内接触力与枝向量无关的假定不符合二元混合体。因此，式（3-24）的正确性需要进一步验证。

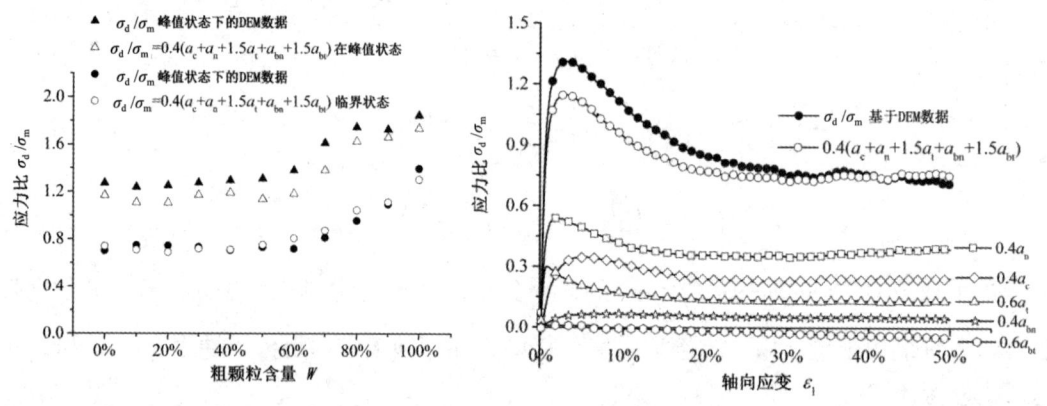

（a）W_{50} 试样的与各组构异性系数随轴向应变的变化趋势　（b）各试样峰值和临界状态时各组构异性系数随 W 的变化趋势

图 3-27　应力-力-组构关系验证

为了验证式（3-24），如图 3-27 所示，本书对比了通过 3.9 节中式（3-9）计算得到的应力比与式（3-24）得到的结果，其中图 3-27（a）描绘了 W_{50} 的 σ_d/σ_m 与各组构异性系数随轴向应变的变化趋势，图 3-27（b）描绘了各试样峰值和临界状态时组构异性系数随 W 的变化趋势。从图 3-27（a）中可以看出，当 $\varepsilon_1 \geq 30\%$ 时，由式（3-24）计算获得的应力比与由式（3-24）直接测得的试样应力比基本一致，而当 $\varepsilon_1 < 30\%$ 时，式（3-24）

的结果低于由式（3-24）直接测得的试样应力比。图 3.14（b）也观测到了相似的试验结果，即临界状态时式（3-24）计算的应力比与试样直接测得的应力比基本一致，而峰值状态时式（3-24）计算的应力比相对较低，这可能与式（3-24）忽略了组构异性系数间的乘积项以及二元混合体内接触力与枝向量不满足无关性假定有关。从图 3-27 中可知，尽管式（3-24）在峰值状态时的应力比低于实测值，然而图 3-27（b）的结果显示由式（3-24）获得的峰值和临界状态时 σ_d/σ_m 随 W 的变化趋势与实测趋势基本一致。上述结果表明式（3-23）得到的各组构异性系数是合理的，且表明颗粒材料的宏观抗剪强度可表示为不同类别组构异性程度的叠加。从图 3-27（a）可看出，不同类别组构异性对试样宏观抗剪强度的贡献不同，a_c、a_{dn}、a_{dt}、a_n 和 a_t 对峰值抗剪强度和残余抗剪强度的贡献从大到小排序为 $a_n > a_c > a_t > a_{dn} \approx a_{dt}$，其中，$a_{dn}$ 和 a_{dt} 对峰值和残余抗剪强度的贡献可忽略不计。

如图 3-28（a）、图 3-28（b）所示，分别描绘了几何组构异性系数（即 a_c、a_{bn} 和 a_{bt}）和力学组构异性系数（即 a_n 和 a_t）在峰值状态和临界状态随 W 的变化规律。从图 3-28（a）可看出，各试样峰值状态和临界状态时 a_{bn} 和 a_{bt} 均较小，表明 a_{bn} 和 a_{bt} 对峰值和残余抗剪强度的贡献均较小。图 3-28（a）显示峰值状态和临界状态时 a_c 随 W 的变化趋势基本一致：当 $W \leqslant 40\%$ 时，a_c 受 W 增加的影响较小；当 $40\% < W \leqslant 60\%$ 时，a_c 随 W 缓慢增加；当 $W > 60\%$ 时，a_c 随 W 迅速增加。另外，当 $W \leqslant 80\%$ 时，峰值状态 a_c 大于临界状态 a_c，而当 $W > 80\%$ 趋势相反。从图 3-28（b）可看出，峰值状态和临界状态时 a_t 随 W 的变化趋势与上述 a_c 的变化趋势基本一致：当 $W \leqslant 40\%$ 时，a_t 受 W 增加的影响较小；当 $40\% < W \leqslant 60\%$ 时，a_t 随 W 缓慢增加；当 $W > 60\%$ 时，a_t 随 W 迅速增加。前文的结果表明，当 W 达到 $60\% \sim 70\%$ 时，土石混合体内形成了粗颗粒的骨架结构，当含石量进一步增加时，粗颗粒数将增加，而细颗粒数将减少，颗粒系统内颗粒的平均抗转动能力将增加，因此 a_t 随之增加。另外从图 3-28（b）可看出，当 $W > 60\%$ 时，a_n 随 W 逐渐降低，与 a_c 随 W 逐渐增加的趋势相反。a_c 增加表示颗粒系统内接触方向沿竖直加载方向的概率增加，而沿水平方向的概率降低。三轴试验过程中围压保持不变，当接触沿水平方向的概率降低时，需较大水平向的法向接触力维持围压稳定，这可能是 a_n 随 W 逐渐降低的主要原因。对比图 3-28（a）和图 3-28（b）中球体（即 W_0）试样和非规则粗颗粒（即 W_{100}）试样的各组构异性系数，可发现 W_{100} 试样对应的 a_c 和 a_t 均大于 W_0 试样的结果，而 a_n 小于 W_0 试样的结果。前文 a_c、a_t 和 a_n 随 W 的变化规律实际上可视为球形粗颗粒向非规则粗颗粒逐渐过渡的结果，且 W 在 $60\% \sim 70\%$ 之间时，为过渡的关键含石量区间，此时土石混合体内逐渐形成了粗颗粒的骨架结构。

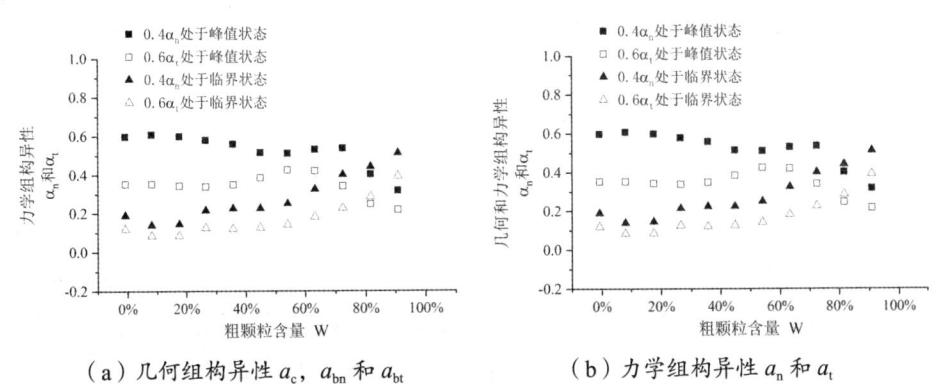

（a）几何组构异性 a_c，a_{bn} 和 a_{bt}　　（b）力学组构异性 a_n 和 a_t

图 3-28　几何和力学组构异性随粗颗粒含量的变化关系

基于对图 3-28（a）和图 3-28（b）的分析，可揭示峰值和残余抗剪强度随 W 变化趋势的细观组构异性机制。试样的峰值和残余抗剪强度主要与 a_c、a_n 和 a_t 相关，受枝向量组构异性系数 a_{bn} 和 a_{bt} 的影响较小。当 $W \leqslant 40\%$ 时，土石混合体内粗颗粒-粗颗粒接触较少，各组构异性系数受 W 增加的影响较小，因此峰值和残余抗剪强度受 W 的影响较小。当 $40\% < W \leqslant 60\%$ 时，峰值和临界状态时 a_c 和 a_t 随 W 缓慢增加，因此峰值和残余抗剪强度随 W 缓慢增加。当 $W > 60\%$ 时，土石混合体内逐渐形成粗颗粒的骨架结构，a_c 和 a_t 随 W 迅速增加，而 a_n 随 W 逐渐降低，且 a_c 和 a_t 增加的幅度大于 a_n 降低的幅度，因此峰值抗剪强度和残余抗剪强度随 W 逐渐增加。当 $W > 80\%$ 时，峰值状态时 a_c 和 a_t 增加的幅度接近 a_n 下降的幅度，此时抗剪强度增速变缓，而临界状态时 a_c 和 a_t 增加的幅度大于 a_n 下降的幅度，因此残余抗剪强度随 W 呈线性增加，如图 3-17 所示。另外，图 3-28 显示当 $W > 70\%$ 时，峰值状态和临界状态时 a_n 均随 W 逐渐降低。对于不同二元混合体，a_c 和 a_t 受颗粒形状和接触摩擦系数的影响，可能随 W 逐渐增加或保持不变，a_n 随 W 逐渐降低是二元混合体达到较高粗颗粒含量时峰值抗剪强度趋于稳定值的主要因素。不同的颗粒形状和接触摩擦系数会影响 a_c 和 a_t 增加幅度与 a_n 降低幅度间的平衡，如本章 $W > 90\%$ 时，峰值状态 a_c 和 a_t 增加幅度大于 a_n 降低的幅度，因此峰值抗剪强度随 W 仍有小幅增加，但陈铭熙[42]基于圆盘颗粒发现，a_c 和 a_t 增加幅度小于 a_n 降低的幅度，因此峰值抗剪强度随 W 有小幅下降。另外，图 3-17 显示洛佩兹（Lopez）等[82]基于球体二元混合体发现 W 的范围是 70%~80% 时，混合体峰值抗剪强度迅速降低，这可能与 a_c 和 a_t 增加幅度小于 a_n 降低的幅度相关。

3.12 小结

本章通过三维离散元数值试验研究了土石混合体的剪切特性。土石混合体由粗细颗粒构成，其中粗颗粒分为两种，一种是扫描的真实碎石状颗粒，另一种是球体；细颗粒为球体。粗细颗粒的粒径比为 4.44。通过等向压缩法制备不同含石量的均匀密实二元混合体试样。当作用于墙体上的目标围压稳定时，认为试样达到平衡状态，认为此时为试样的初始状态。通过模拟三轴排水剪切试验，本章研究了土石混合体的宏观、介观及细观剪切特性随含石量的变化规律。主要的结论总结如下。

（1）宏观剪切特性方面，本章研究了土石混合体的含石量 W 对峰值和残余抗剪强度，以及应力剪胀关系的影响。当 $W < 60\%$ 时，含石量对土石混合体的峰值残余抗剪强度影响较小。然而，当 $W \geqslant 60\%$ 时，峰值和残余抗剪强度随 W 增加而迅速增加，这是由粗颗粒间的咬合作用导致的。研究表明当含石量介于 60%~70% 之间时，土石混合体形成了粗颗粒的骨架结构。应力剪胀分析表明，当 $W < 60\%$ 时，剪胀作用对峰值抗剪强度的贡献随含石量增加而逐渐增加，而当 $W \geqslant 70\%$ 时，剪胀作用对峰值抗剪强度的贡献值快速降低。

（2）介观剪切特性方面，本章定量研究了轴向应变和含石量对 CC、CF 及 FF 接触对偏应力贡献的影响。根据峰值和临界状态时 C_{CC}、C_{CF} 和 C_{FF} 值的相对大小，可将土石混合体进行分类。具体而言，当 $W < 30\%$ 时，土石混合体为细颗粒主导土体；当 $W > 70\%$ 时，土石混合体为粗颗粒主导土体。对比非规则粗颗粒和球形粗颗粒二元混合体的分类结果，发现非规则粗颗粒构成的二元混合体在相对较小粗颗粒含量（即 W 范围在 65%~70% 之间时）时形成粗颗粒的骨架结构，而球形粗颗粒二元混合体在相对较大的粗颗粒含量（即 W 范围在 75%~80% 之间时）时形成粗颗粒的骨架结构，上述差异主要与粗颗粒的形状效应相关。

（3）细观剪切特性方面，研究了各接触类别的强弱接触占总接触的比例，用于探明轴向应变变化时 C_{CC}、C_{CF} 和 C_{FF} 变化的原因。当轴向应变由峰值状态变化至临界状态时，减少的 FF 接触和增加的 CF 接触主要为强接触。因此，临界状态时 C_{FF} 和 C_{CF} 值分别较峰值状态时的 C_{FF} 和 C_{CF} 值小和大。另外，当 $W>60\%$ 时，临界状态相较峰值状态，增加的 CC 接触主要为弱接触。因此临界状态时 C_{CC} 值较峰值状态时 C_{CC} 值小。

（4）组构异性方面，研究了几何组构异性和力学组构异性随 W 的变化规律。上述研究研究进一步加强了宏细观剪切特性间的联系。当 $W \leqslant 40\%$ 时，含石量增加对各组构异性的影响较小，因此试样的峰值和残余抗剪强度随含石量增加基本不变。当 $40\%<W \leqslant 60\%$ 时，峰值和残余强度缓慢增加主要归因于 a_c 和 a_t 随 W 缓慢增加。当 $W>60\%$ 时，土石混合体内逐渐形成粗颗粒的骨架结构，a_c 和 a_t 随含石量迅速增加，而 a_n 随含石量逐渐降低。特定含石量下 a_c 和 a_t 增加的幅度大于 a_n 降低的幅度，因此试样的峰值和残余强度随含石量逐渐增加。当土石混合体内形成粗颗粒的骨架结构时，a_t 随 W 逐渐增加主要与试样内颗粒的平均抗转动能力增加相关，而 a_n 随 W 逐渐降低主要与试样为了维持围压稳定相关。

参考文献

［1］徐文杰. 土石混合体细观结构力学及其边坡稳定性研究[D]. 北京：中国科学院地质与地球物理研究所, 2008.

［2］Chang W, Phantachang T. Effects of gravel content on shear resistance of gravelly soils[J]. Engineering Geology, 2016（207）: 78-90.

［3］Xu W, Hu L, Gao W. Random generation of the meso-structure of a soil-rock mixture and its application in the study of the mechanical behavior in a landslide dam[J]. International Journal of Rock Mechanics and Mining Sciences, 2016（86）: 166-178.

［4］陈国兴, 刘雪珠. 南京粉质黏土与粉砂互层土及粉细砂的振动孔压发展规律研究[J]. 岩土工程学报, 2004（01）: 79-82.

［5］Jehring M M, Bareither C A. Tailings composition effects on shear strength behavior of co-mixed mine waste rock and tailings[J]. Acta Geotechnica, 2016, 11（5）: 1147-1166.

［6］Indraratna B, Ngoc T N, Rujikiatkamjorn C, et al. Behavior of Fresh and Fouled Railway Ballast Subjected to Direct Shear Testing: Discrete Element Simulation[J]. International Journal of Geomechanics, 2014, 14（1）: 34-44.

［7］刘雪珠, 陈国兴, 胡庆兴. 南京地区新近沉积土的动剪切模量和阻尼比的初步研究[J]. 地震工程与工程振动, 2002（05）: 127-131.

［8］Vallejo L E. Interpretation of the limits in shear strength in binary granular mixtures[J]. Canadian Geotechnical Journal, 2001, 38（5）: 1097-1104.

［9］Fragaszy R, Su J, Siddiqi F, et al. Modeling Strength of Sandy Gravel[J]. Journal of Geotechnical Engineering-Asce, 1992, 118（6）: 920-935.

［10］金磊, 曾亚武. 块石形状对土石混合体力学行为影响的颗粒流模拟[J]. 计算力学学报, 2016, 33（5）: 753-759.

［11］金磊, 曾亚武, 李晶晶. 胶结土石混合体力学特性的块石形状效应细观机理分析[J]. 固体力学学报, 2015, 36（6）: 506-516.

［12］Guo Z, Chen X, Xu Y, et al. Effect of granular shape on angle of internal friction of binary granular system[J]. Fuel, 2015, 150: 298-304.

［13］徐文杰, 王识. 基于真实块石形态的土石混合体细观力学三维数值直剪试验研究[J]. 岩石力学与工程学报 2016, 35（10）: 1-9.

［14］金磊, 曾亚武, 李欢. 基于不规则颗粒离散元的土石混合体大三轴数值模拟[J]. 岩土工程学报, 2015（05）: 829-838.

[15] 卢玉林. 渗流和地震耦合作用下边坡稳定性分析 [D]. 哈尔滨：中国地震局工程力学研究所，2017.

[16] Alonso E，Gens A，Lioret A. Effect of rain infiltration on the stability of slope[Z]. Paris，France：1995.

[17] 董林. 黄土及一般含细粒土体液化判别方法研究 [D]. 哈尔滨：中国地震局工程力学研究所，2016.

[18] 付海清. 现场液化试验方法及液化土体特征研究 [D]. 哈尔滨：中国地震局工程力学研究所，2016.

[19] Seed H B. Design problems in soil liquefaction[J]. Journal of Geotechnical Engineering，1987，8（113）：827-845.

[20] Ishihara K. Liquefaction and flow failure during earthquakes[J]. Geotechnique，1993，3（43）：351-415.

[21] 朱建群，胡大为，李雄威，等. 基于粒间状态变量的含细粒砂土力学性状分析 [J]. 工程地质学报，2017，25（3）：747-754.

[22] Lade P V，Yamamuro J A. Effects of nonplastic fines on static liquefaction of sands[J]. Canadian Geotechnical Journal，1997，6（34）：918-928.

[23] Ni Q，Tan T S，Dasari G R，Hight D W. Contribution of fines to the compressive strength of mixed soils[J]. Geotechnique，2004，54（9）：561-569.

[24] 朱建群. 含细粒砂土的强度特征与稳态性状研究 [D]. 武汉：中国科学院武汉岩土所，2007.

[25] 龚健. 土石混合体的细观力学特性研究 [D]. 大连：大连理工大学，2017.

[26] Langroudi M F，Soroush A，Shourijeh P T. A comparison of micromechanical assessments with internal stability/instability criteria for soils[J]. Powder Technology，2015，276：66-79.

[27] Yang J，Wei L M. Collapse of loose sand with the addition of fines：the role of particle shape[J]. Geotechnique，2012，62（12）：1111-1125.

[28] Wei L M，Yang J. On the role of grain shape in static liquefaction of sand-fines mixtures[J]. Geotechnique，2014，64（9）：740-745.

[29] Sadrekarimi A. Influence of fines content on liquefied strength of silty sands[J]. Soil Dynamics and Earthquake Engineering，2013，55：108-119.

[30] Wood F M，Yamamuro J A，Lade P V. Effect of depositional method on the undrained response of silty sand[J]. Canadian Geotechnical Journal，2008，45（11）：1525-1537.

[31] Monkul M M，Etminan E，Senol A. Coupled influence of content，gradation and shape characteristics of silts on static liquefaction of loose silty sands[J]. Soil Dynamics and Earthquake Engineering，2017，101：12-26.

[32] Itasca. User's manual for PFC2D/3D[J]. Minneapolis，Usa：Itasca Consulting Group，Inc，2014.

［33］Taghavi R .Automatic clump generation based on mid-surface[C]//Continuum and Distinct Element Numerical Modeling in Geomechanics-2011.2011：791-797.

［34］Gong J，Liu J. Effect of aspect ratio on triaxial compression of multi-sphere ellipsoid assemblies simulated using a discrete element method[J]. Particuology，2017，32：49-62.

［35］Krishna P，Pandey D. Close-packed structure[M]. International of Crystallography，1981.

［36］De Frias Lopez R，Ekblad J，Silfwerbrand J. Resilient properties of binary granular mixtures：A numerical investigation[J]. Computers and Geotechnics，2016，76：222-233.

［37］De Frias Lopez R，Silfwerbrand J，Jelagin D，et al. Force transmission and soil fabric of binary granular mixturese[J]. Geotechnique，2016，66（7）：578-583.

［38］Yideti T F，Birgisson B，Jelagin D，et al. Packing theory-based framework to evaluate permanent deformation of unbound granular materials[J]. International Journal of Pavement Engineering，2013，14（3）：309-320.

［39］Guarin A，Roque R，Kim S，et al. Disruption factor of asphalt mixtures[J]. International Journal of Pavement Engineering，2013，14（5）：472-485.

［40］Minh N H，Cheng Y P，Thornton C. Strong force networks in granular mixtures[J]. Granular Matter，2014，16（1）：69-78.

［41］戴北冰，杨峻，周翠英. 颗粒摩擦对颗粒材料剪切行为影响的试验研究 [J]. 力学学报，2013，45（3）：375-383.

［42］Gong J，Liu J. Mechanical transitional behavior of binary mixtures via DEM：Effect of differences in contact-type friction coefficients[J]. Computers and Geosciences，2017（85）：1-14.

［43］Gong J，Jun L. Analysis of the thresholds of granular mixtures using the discrete element method[J]. Geomechanics and Engineering，2017，12（4）：639-655.

［44］Azema E，Preechawuttipong I，Radjai F. Binary mixtures of disks and elongated particles：Texture and mechanical properties[J]. Physical Review E，2016，94（042901）：1-12.

［45］严颖，赵金凤，季顺迎. 块石含量和对土石混合体抗剪强度的离散元分析 [J]. 工程力学，2017，34（6）：146-156.

［46］Goldenberg C，Goldhirsch I. Friction enhances elasticity in granular solids[J]. Nature，2005，435（7039）：188-191.

［47］Jamiolkowski M，Kongsukprasert L，Lo Presti D. Characterization of gravelly geomaterials[J]. In Proceedings of the Fifth International Geotechnical Conference，2004，Bangkok，Thailand，November.

［48］Thornton C. Numerical simulations of deviatoric shear deformation of granular media[J].

Geotechnique, 2000, 50（1）: 43-53.

[49] Ng T T, Zhou W, Chang X L. Effect of particle shape and fine content on the behavior of binary mixture[J]. Journal of Engineering Mechanics, 2016（C4016008）.

[50] Lade P V, Liggio C D, Yamamuro J A. Effects of non-plastic fines on minimum and maximum void ratios of sand[J]. Geotechnical Testing Journal, 1998, 21（4）: 336-347.

[51] Azéma E, Radjaï F. Stress-strain behavior and geometrical properties of packings of elongated particles[J]. Physical Review E, 2010, 81（1）: 051304.

[52] Weatman A E R. The packing of particles: empirical equation for intermediate diameter ratios[J]. Journal of the Americal Ceramic Society, 1936, 1-12（19）: 127-129.

[53] Yu A B, Standish N. An analytical-parametric theory of the random packing of particles[J]. Powder Technology, 1988, 3（55）: 171-186.

[54] Yin Z, Zhao J, Hicher P. A micromechanics-based model for sand-silt mixtures[J]. International Journal of Solids and Structures, 2014, 51（6）: 1350-1363.

[55] Ng T, Zhou W, Ma G, Xiaolin C. Macroscopic and microscopic behaviors of binary mixtures of different particle shapes and particle sizes[J]. International Journal of Solids and Structures, 2017: S00207683317305127.

[56] 张海洋. 土石混合体细观结构力学及研究 [D]. 北京: 清华大学, 2016.

[57] Suzuki M, Kada H, Hirota M. Effect of size distribution on the relation between coordination number and void fraction of spheres in a randomly packed bed[J]. Advanced Powder Technology, 1999, 10（4）: 353-365.

[58] Kristiansen K D, Wouterse A, Philipse A. Simulation of random packing of binary sphere mixtures by mechanical contraction[J]. Physica a-Statistical Mechanics and its Applications, 2005, 358（2-4）: 249-262.

[59] Meng L, Lu P, Li S. Packing properties of binary mixtures in disordered sphere systems[J]. Particuology, 2014, 16: 155-166.

[60] Pinson D, Zou R P, Yu A B, et al. Coordination number of binary mixtures of spheres[J]. Journal of Physics D-Applied Physics, 1998, 31（4）: 457-462.

[61] Biazzo I, Caltagirone F, Parisi G, et al. A Theory of Amorphous Packings of Binary Mixtures of Hard Spheres[J]. Physical Review Letters, 2009, 102（19）: 195701.

[62] Rodriguez J, Allibert C H, Chaix J M. A computer method for random packing of spheres of unequal size[J]. Powder Technology, 1986, 47（1）: 25-33.

[63] Nie Z, Wang X, Liang Z, et al. Quantitative analysis of the three-dimensional roundness of granular particles[J]. Powder Technology, 2018（336）: 584-593.

[64] Cho G C, Dodds J, Santamarina J C. Particle shape effects on packing density, stiffness, and strength: Natural and crushed sands[J]. Journal of Geotechnical and Geoenvironmental Engineering, 2006, 133（5）: 591-602.

[65] Yang J, Luo X D. Exploring the relationship between critical state and particle shape for

granular materials[J]. Journal of the Mechanics and Physics of Solids, 2015 (84): 196-213.

[66] Suh H S, Kim K Y, Lee J, et al. Quantification of bulk form and angularity of particle with correlation of shear strength and packing density in sands[J]. Engineering Geology, 2017 (220): 256-265.

[67] Blott S J, Pye K. Particle shape: a review and new methods of characterization and classification[J]. Sedimentology, 2008, 55 (1): 31-63.

[68] Ye L, Yong T, Xiang L, et al. Methodology for Simulation of Irregularly Shaped Gravel Grains and Its Application to DEM Modeling[J]. Journal of Computing in Civil Engineering, 2017, 5 (31): 4017023.

[69] Scholtes L, Hicher P, Sibille L. Multiscale approaches to describe mechanical responses induced by particle removal in granular materials[J]. Comptes Rendus Mecanique, 2010, 338 (10-11): 627-638.

[70] Yang S L, Lacasse S, Sandven R F. Determination of the transitional fines content of mixtures of sand and non-plastic fines[J]. Geotechnical Testing Journal, 2006, 29 (2): 102-107.

[71] Polito C P, Martin J R. Effects of nonplastic fines on the liquefaction resistance of sands[J]. Journal of Geotechnical and Geoenvironmental Engineering, 2001, 127 (5): 408-415.

[72] Bolton M D. The Strength and dilatancy of sands[J]. Geotechnique, 1986, 36 (1): 65-78.

[73] Kuenza K, Towhata I, Orense R P, et al. Undrained torsional shear tests on gravelly soils[J]. Landslides, 2004, 1 (3): 185-194.

[74] Vallejo L E, Mawby R. Porosity influence on the shear strength of granular material-clay mixtures[J]. Engineering Geology, 2000, 58 (2): 125-136.

[75] Xu W, Xu Q, Hu R. Study on the shear strength of soil-rock mixture by large scale direct shear test[J]. International Journal of Rock Mechanics and Mining Sciences, 2011, 48 (8): 1235-1247.

[76] Minh N H, Cheng Y P. On the contact force distributions of granular mixtures under 1D-compression[J]. Granular Matter, 2016, 18 (2) 1-12.

[77] Radjai F, Wolf D E, Jean M, et al. Bimodal character of stress transmission in granular packings[J]. Physical Review Letters, 1998, 80 (1): 61-64.

[78] Thornton C, Antony S J. Quasi-static deformation of particulate media[J]. Philosophical Transactions-Royal Society of London Series a Mathematical Physical and Engineering Sciences, 1998, 356 (1747): 2763-2783.

[79] Gu XQ, Huang M, Qian J. DEM investigation on the evolution of microstructure in granular soils under shearing[J]. Granular Matter, 2014, 16 (1): 91-106.

[80] Estrada N, Azema E, Radjai F, et al. Identification of rolling resistance as a shape

parameter in sheared granular media[J]. Physical Review E, 2011, 84 (1): 11306.

[81] Guo N, Zhao J. The signature of shear-induced anisotropy in granular media[J]. Computers and Geotechnics, 2013, 47 (Jan): 1-15.

[82] De Frias Lopez R, Ekblad J, Silfwerbrand J. A numerical study on the permanent deformation of gap-graded granular mixtures[Z]. Stirlingshire: 2016.

[83] Thevanayagam S, Shenthan T, Mohan S, et al. Undrained fragility of clean sands, silty sands, and sandy silts[J]. Journal of Geotechnical and Geoenvironmental Engineering, 2002, 128 (10): 849--859.

第 4 章 复杂应力状态下低渗透脆性岩石渗透率的演化规律研究

4.1 研究背景及研究意义

在岩石工程建设中，无论是采矿工程、水电工程、建筑基础工程，还是地下核废料处理，都存在着人类工程建设干扰力引起的岩体地应力、化学场、地下水渗透力和温度场等因素的耦合作用，特别是地下水造成的影响。当在地下水位下进行岩石工程建设时，三轴外部载荷和内部水压同时作用在具有多尺度不连续结构的岩体上，对其自身强度和变形行为造成显著影响。应力和地下水的耦合作用常常导致一系列严重的工程灾害，如水坝的崩塌、注入引起的地震等[1-2]。此外，深部脆性岩石力学特性研究是岩石力学领域的热点问题，但对该类低渗透岩石渗透特性研究较少，渗透特性是渗流应力耦合理论的关键问题，对于解释和预测富水地层岩石工程地质灾害至关重要。

4.2 低渗透脆性岩石渗透率研究现状

4.2.1 低渗透脆性岩石渗透率试验研究现状

通过对岩石的室内实验，研究人员在渗流应力效应方面取得了丰富的成果[3]。通过进行一系列三轴压缩试验，研究人员发现孔隙率对岩石的渗透率有很大影响，剪切带对两者之间的关系有很大影响[4]。王树刚（Wang）等[5]对完整煤样三轴压缩过程中的渗透率演化进行了研究，提出一种基于过程的地下煤层爆裂不稳定性模型。研究人员对不同岩石进行三轴压缩试验，分析了应力条件对岩石水力学性质的影响[6-10]。王璐（Wang）等[6]利用MTS815岩石力学试验系统对砂岩和石灰岩进行三轴压缩试验，分析了岩石破坏前后岩石侵蚀渗透率的演变特征以及岩石强度、变形和渗透率之间的关系。从砂岩、页岩等高渗透岩石的室内试验结果分析可知，有效应力对高渗透岩石渗透率和孔隙度也有重要影响[11-13]，并通过指数定律和幂律分析了岩石孔隙度和渗透率衰减的应力依赖性[14]。Callovo-Oxfordian 和 Opalinus 黏土岩是作为放射性废物库的良好潜在宿主岩，在过去十年中，它们的水力行为得到了广泛的研究,特别是黏土岩在破坏前阶段的应力-应变-渗透行为[15-17],确定黏土岩渗透率随损伤和重塑的变化可以通过经验模型进行[18]。肖伟京(Xiao)等[19]对红砂岩进行了三轴渗流压缩试验,分析了砂岩在破坏过程中的强度、变形和渗透率之间的关系,建立了反映渗透率演化特征的分段函数模型。上述实验大多基于砂岩、煤岩等高渗透软岩进行,而对花岗岩等低渗透脆硬岩的研究较少。

地下岩石工程经历了复杂的应力变化,如地下储油洞的建造和开挖以及煤矿开采。从力学角度来看,这是一个典型的卸载过程。在过去的研究中,岩石或岩石样品的卸载试验研究大多集中在卸载应力路径[20-22]、卸载速率[23-24]或几何参数[25-26]的研究上。赵晓国(Zhao)等[27]通过声发射变化和岩石破裂碎片的可视化,研究了卸荷条件下北山花岗岩岩爆特征与卸荷速率之间的关系。为了研究循环加卸载对围岩的影响,对煤岩进行了循环加卸载试验,为矿井支护岩柱的设计提供了依据[28],并通过引入加卸载响应比对深部滑坡进行了定量分析[29]。陈崇枫(Chen)等[24]对砂岩进行了单轴应力扰动试验,发现循环应力会暂时增加岩石的应变速率;也就是说,岩石的应力腐蚀开裂效率大大提高。王宇(Wang)等[30]通过一系列疲劳循环加卸载和围压卸载试验,分析了大理岩的断裂演化和能量特征。上述研究大多集中在岩石的力学性质上,对卸荷围压和循环加卸载条件下岩石的渗透特性研究较少。石油的储存和输出是对库区岩体的一个循环加载过程。岩石应力状态的变化会导致其渗透性的变化,而地下水渗透往往会导致渗流和突水等工程事故。因此,有必要对低渗透岩石在各种应力路径和不同应力状态下的渗透特性进行深入的实验研究,研究结果可以为地下岩石工程的设计和运行提供实验支持。

4.2.2 岩石本构模型研究现状

为了更好地模拟岩石应力应变关系,研究人员基于损伤力学,结合数理统计和连续介质力学建立了岩石本构模型[31-35],并取得了良好的模拟结果。学者通过正态分布、对数正态分布[36]和Weibull分布[37-39]等函数来表征微元体特征。随着现代信息理论的发展,使用熵来拟合岩石的微观性质也取得了较好的效果[40-41]。刘红岩(Liu)等[42]提出了一种关于节理岩体的动态损伤本构模型,能够同时考虑岩石的宏观缺陷和微观缺陷并分析其对岩石动力学的影响。贝内特(Bennett)和博尔哈(Borja)[43]建立了一个唯象模型来更好地描述和计算岩石的宏观损伤学行为,但材料的微观结构演化仍存在一些缺陷。赵伦洋(Zhao)等[44]和张德(Zhang)等[45]通过建立微观力学模型对先前学者的研究进行了补充。研究学者[46-50]通过分析材料的宏观力学和微观力学,建立了两种力学相结合的模型,并补充了上述两种理论的局限性。朱玉萍(Zhu)[51]基于连续细观力学和热力学理论,通过消除岩石中的孔隙率、初始孔隙率和新裂纹的产生,建立了一种新的多孔岩石损伤微力学本构模型,即岩石骨架、准脆性岩石材料的三相系统材料的表达。为了解决模型中参数多的问题,沃伊切赫·苏梅尔卡(Sumelka)[52]引入了一种新的分数塑性理论,研究人员[53-56]通过进一步的发展取得了良好的模拟结果。上述模型主要基于干岩的特性,对水岩耦合下的损伤模型研究较少。天然岩石内部存在大量的微裂纹和微孔,存在压实效应,未考虑上述模型。因此,对于具有丰富天然微裂隙的岩石,缺乏水-机械耦合损伤模型法研究。

4.3 低渗透脆性岩石渗透率研究方法

4.3.1 试样制备和试验仪器

试验岩石样品为晚元古界时期的花岗岩，主要矿物为钾长石（32%）、斜长石（33%）、石英（30%）、黑云母（5%）等。岩样处在较深地层，整体较完整，无肉眼可见裂隙，呈现浅青灰色，内部带有白斑且胶结紧密，根据国际岩石力学学会（ISRM）建议方法加工成高度 100mm 直径 50mm 的标准圆柱试样，典型试样如图 4-1 所示。通过岩石全自动多场耦合三轴微伺服仪 [57] 进行试验研究。

图 4-1 岩石试样

4.3.2 试验方案

考虑一般库区地应力环境和水文地质条件，其最小主应力范围在 3～10 MPa 之间，最大主应力的范围在 13～16 MPa 之间，地下水位变化较小，渗压较为稳定。考虑到岩石所处环境的应力状态的多样性，采用常规三轴压缩、卸围压和轴压循环加卸载三种试验方案。

（1）常规三轴压缩试验分为渗压恒定时围压不同和围压相同时不同渗压两种应力情况：渗压为 1 MPa 时，围压分别为 2 MPa、4 MPa 和 6 MPa；围压为 4 MPa 时，渗压分别为 1 MPa、2 MPa 和 3 MPa。试样应力路径如图 4-2（a）所示。先以 0.1 MPa/min 施加围压至设定值，并保持围压稳定；待围压稳定后施加渗透压差（保持进出口压力为大气压 p_c 和 p_0，p_c-p_0 即为渗透压差）至预定值；随后岩石饱和约 4 h，随后以 0.75 MPa/min 施加偏应力直到岩样破坏。

（2）轴压循环加卸载试验设定渗压为 1 MPa，围压分别为 2MPa、4MPa 和 6MPa。试样应力路径如图 4-2（b）所示，围压与渗压的加载方式与常规三轴压缩试验一致。采用应力加载，以 2.8 MPa/min 的加载速率进行循环加卸载。取常规三轴压缩试验中不同围压

下的峰值强度 σ_c 作为标准,每级加载的应力水平增加 $0.2\sigma_c$,均卸载至 $0.2\sigma_c$,因为岩石的离散性较强,最大循环加卸载轴向应力值设定为 $1.2\sigma_c$。

(3)卸围压试验设定渗压为 1 MPa,围压为 6 MPa,应力路径如图 4-2(c)所示。围压和渗压的施加同常规三轴压缩试验。取常规三轴压缩试验中不同围压下的峰值强度 σ_c,当轴压为 $0.7\sigma_c$ 时停止轴压加载,保持偏压恒定,以 0.35 MPa/min 卸载围压,直至破坏。

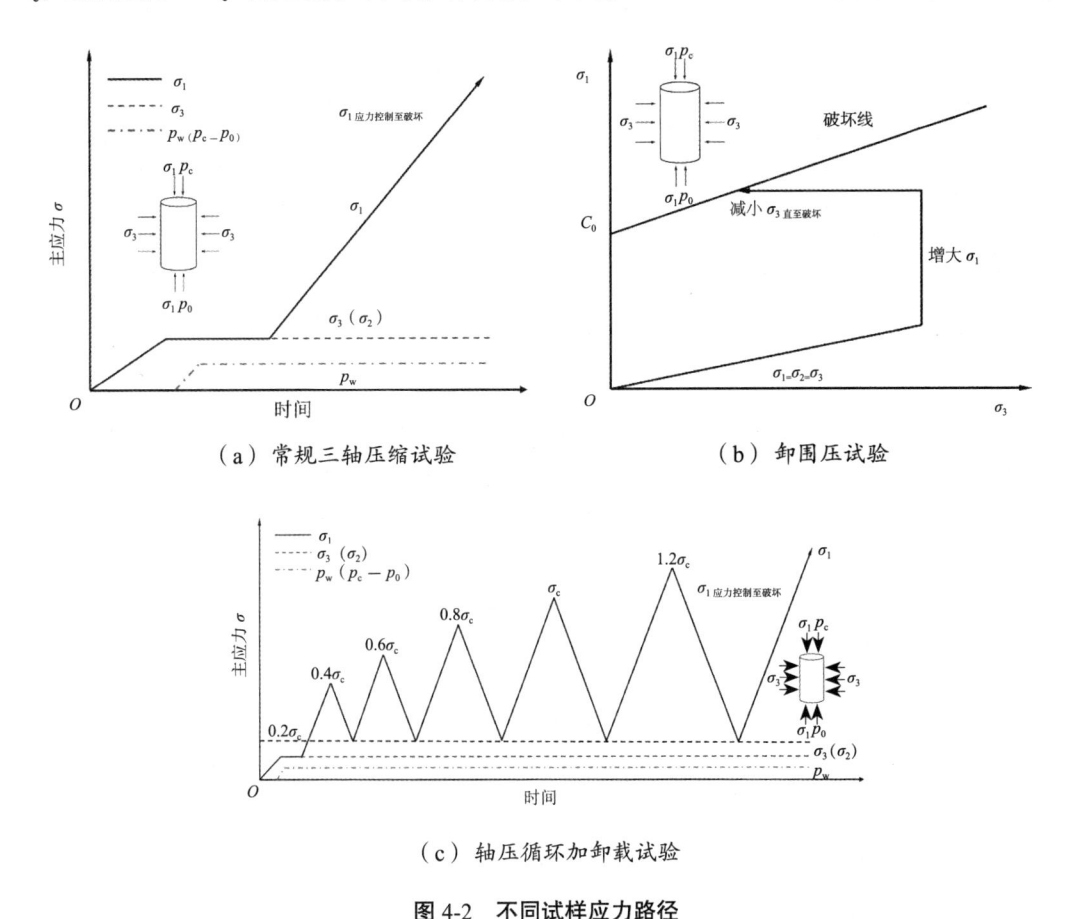

(a)常规三轴压缩试验

(b)卸围压试验

(c)轴压循环加卸载试验

图 4-2 不同试样应力路径

4.4 三轴压缩试验结果与分析

4.4.1 三轴压缩下岩石应力-应变曲线特征

如表 4-1 所示,是不同渗流压力和围压下岩石的主要力学参数。其中,σ_c 为岩石的峰值应力,即图 4-3 中应力-应变曲线最大值点对应的应力值;σ_y 是岩石从线性弹性到非线性阶段的曲线拐点所对应的屈服应力。σ_{ci} 为岩石裂纹起裂应力;ε_c 为岩石的峰值轴向应变;ε_y 为岩石屈服轴向应变;ε_{ci} 为岩石裂纹起裂应变;E 为弹性模量;μ 为泊松比。

表 4-1　不同应力条件下花岗岩的力学参数

试样编号	σ_3 (σ_2) / MPa	p_w / MPa	σ_c / MPa	σ_y / MPa	σ_{ci} / MPa
A01	2	1	213.99	192.85	73.16
A02	4	1	256.87	231.30	84.36
A03	4	2	245.28	211.88	80.03
A04	4	3	229.49	216.73	99.19
A05	6	1	282.12	248.99	114.11
A06	6	3	356.74	332.01	165.33

试样编号	ε_c (10^{-3})	ε_{ci} (10^{-3})	ε_y (10^{-3})	E /GPa	μ
A01	6.719	2.553	5.311	44.129	0.29
A02	7.491	3.076	6.450	44.362	0.28
A03	7.331	2.954	6.174	44.129	0.32
A04	6.464	2.937	5.514	43.119	0.29
A05	7.946	3.736	6.885	43.363	0.25
A06	8.328	4.187	7.468	50.560	0.24

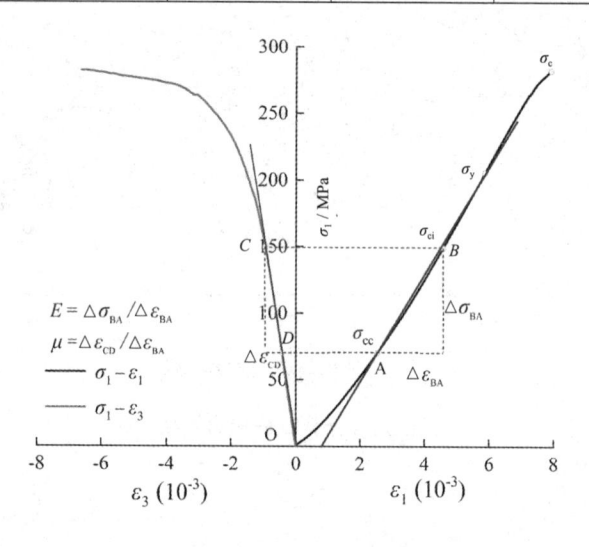

图 4-3　岩石力学参数

为确定花岗岩在水力耦合情况下的力学特性，对花岗岩进行了单级常规三轴试验。如图 4-4 所示，显示了不同应力条件下的花岗岩常规三轴应变、体应变和偏应力之间的关系。由表 4-1 和图 4-4 可得，随着围压的增大或者渗压的减小，花岗岩试件的横向膨胀变形能力受到了限制，花岗岩的承载力逐渐提高，峰值强度显著提高。在不同初始应力条件下，花岗岩在峰值前均表现出明显的线性应力-应变关系，峰值后表现出非线性行为。当花岗岩进入裂隙扩展阶段和峰后阶段，岩石内部微裂纹的萌生和扩展，导致花岗岩的非线性应力-应变响应和弹性性能退化，在微裂纹形成时会释放出大量的弹性应变能，导致岩石产生断裂和破坏。随着偏应力的增大，花岗岩由体积压缩明显向体积膨胀转变。当围压较小或渗压较大时，花岗岩的体积膨胀更为明显。随着侧向应力的增加，由于高水平应力对变形的限制，剪胀效应不明显。由此可知花岗岩的体积膨胀可能与微裂缝的密度和开度有关。

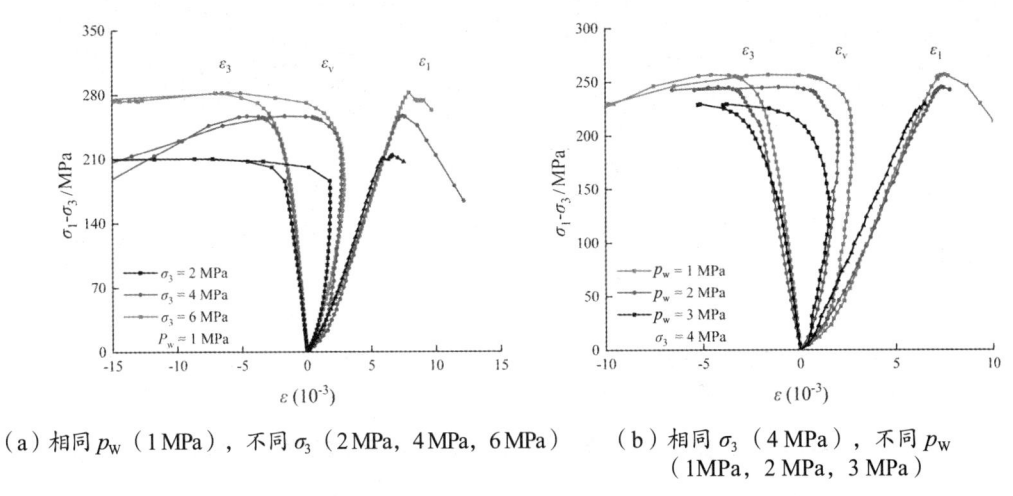

(a) 相同 p_w（1 MPa），不同 σ_3（2 MPa，4 MPa，6 MPa）

(b) 相同 σ_3（4 MPa），不同 p_w（1 MPa，2 MPa，3 MPa）

图 4-4　花岗岩在不同应力条件下的三轴应力－应变曲线

4.4.2　三轴压缩下岩石应力渗透率变化分析

如图 4-5 所示，是不同应力条件下的花岗岩三轴压缩变形和渗透率演化特征。在岩石初始压密阶段，岩石内部微孔隙、裂纹在应力作用下被压密或闭合，渗流通道阻塞，渗透率逐渐下降，且随着围压的增加岩样的初始渗透率会逐渐降低。对比图 4-5(a)、图 4-5(b) 可得，渗压与围压相比对初始压密阶段和弹性变形阶段的岩石渗透率影响较小。随着偏应力进一步的增加，岩石的渗透率逐渐降低，当花岗岩处在裂纹稳定扩展阶段初期，渗透率趋于最小值，且高围压会增大花岗岩的初始压密程度，导致渗透率降低的程度较弱。在裂纹稳定扩展阶段，岩石内部裂纹的产生和闭合处在一个较为稳定的状态，渗透率基本保持稳定。但在裂纹非稳定扩展阶段，岩石内部的微裂隙产生和扩展加剧，相互贯通形成局部宏观裂缝（渗流通道增多变大），进入扩容阶段（图 4-6），岩石渗透率大幅度增加。如图 4-7 所示，在渗压相同时，围压越大，岩石的塑性变形能力提高，岩石的峰值强度和峰值应变越大，岩石渗透率发生突变拐点位置越晚，拐点位置对应渗透率越低；当围压相同时，渗压越大，渗透率突变点的位置越早，渗透率越高。

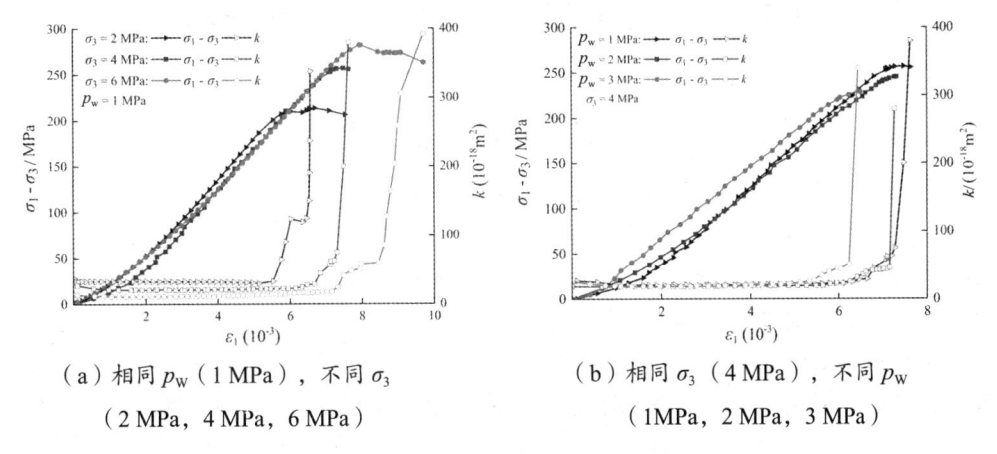

(a) 相同 p_w（1 MPa），不同 σ_3（2 MPa，4 MPa，6 MPa）

(b) 相同 σ_3（4 MPa），不同 p_w（1 MPa，2 MPa，3 MPa）

图 4-5　花岗岩在不同应力条件下的三轴轴向应变和渗透率演化特征

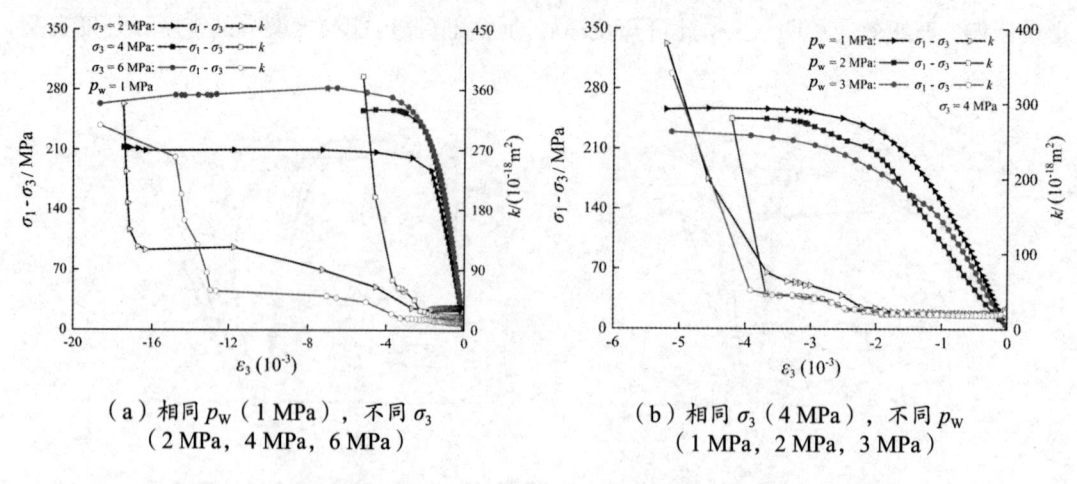

(a) 相同 p_w（1 MPa），不同 σ_3
（2 MPa，4 MPa，6 MPa）

(b) 相同 σ_3（4 MPa），不同 p_w
（1 MPa，2 MPa，3 MPa）

图 4-6 花岗岩在不同应力条件下的三轴轴向应变和渗透率演化特征

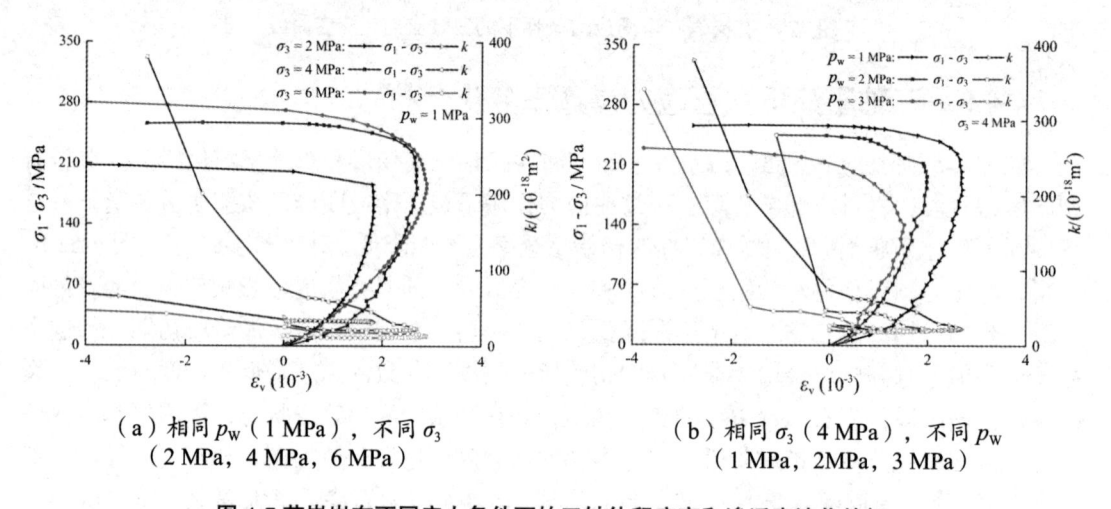

(a) 相同 p_w（1 MPa），不同 σ_3
（2 MPa，4 MPa，6 MPa）

(b) 相同 σ_3（4 MPa），不同 p_w
（1 MPa，2MPa，3 MPa）

图 4-7 花岗岩在不同应力条件下的三轴体积应变和渗透率演化特征

4.5 三轴卸载围压试验结果及分析

4.5.1 三轴卸载围压下的试验应力-应变曲线

花岗岩的卸围压试验应力-应变曲线如图 4-8 所示。由图 4-8 可以看出，在进行围压卸载时，轴向压力保持不变，岩石应力应变曲线出现明显转折，转折点与卸载点一致。因为卸载前后试验应力路径不同，岩石的变形规律有着显著区别。试验前期为常规三轴压缩试验，岩石的应力应变规律与 4.4.1 节所述差别不大。在围压卸载初期，岩石的变形主要以侧向变形和体积变形为主，轴向变形较小，岩石的体积应变逐渐变为负值，有着明显的转折且曲线呈水平状，岩石由体积压缩阶段转变为扩容阶段。如图 4-9 所示，岩石的侧向变形以较小的速率逐渐增大，与围压有着较好的线性关系，即处在弹性变形阶段，未出现塑性变形。随着围压的进一步减小，侧向应变曲线的斜率开始逐渐减小，侧向变形与围压转变为非线性关系，即岩石出现塑性变形，岩石内部出现损伤。当围压卸载到一定程度，侧向应变呈水平状急剧增大，岩样突然发生强烈破坏，破坏前没有明显征兆，说明卸围压时岩石的脆性更强。

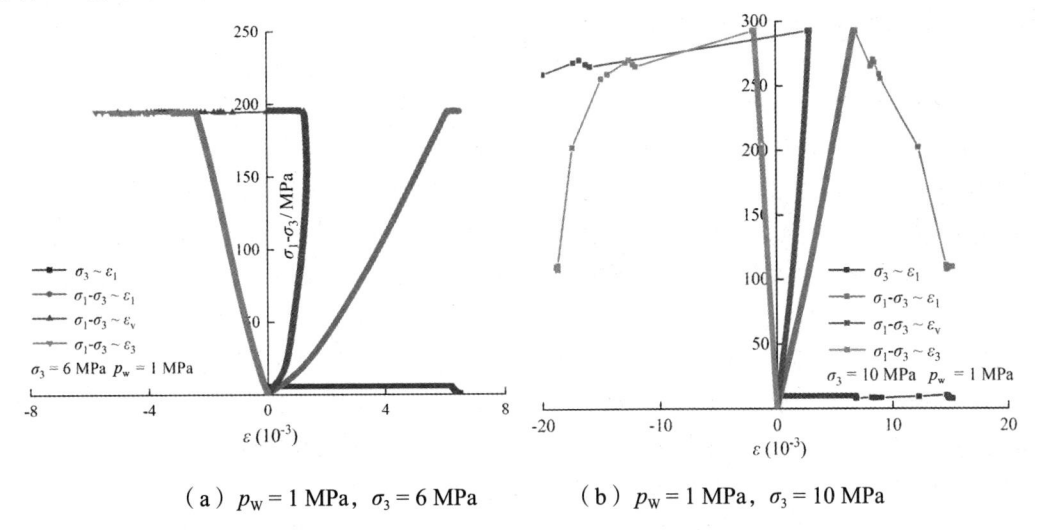

（a）$p_W = 1$ MPa，$\sigma_3 = 6$ MPa　　　（b）$p_W = 1$ MPa，$\sigma_3 = 10$ MPa

图 4-8　花岗岩在不同应力条件下三轴卸载围压试验的应力 - 应变

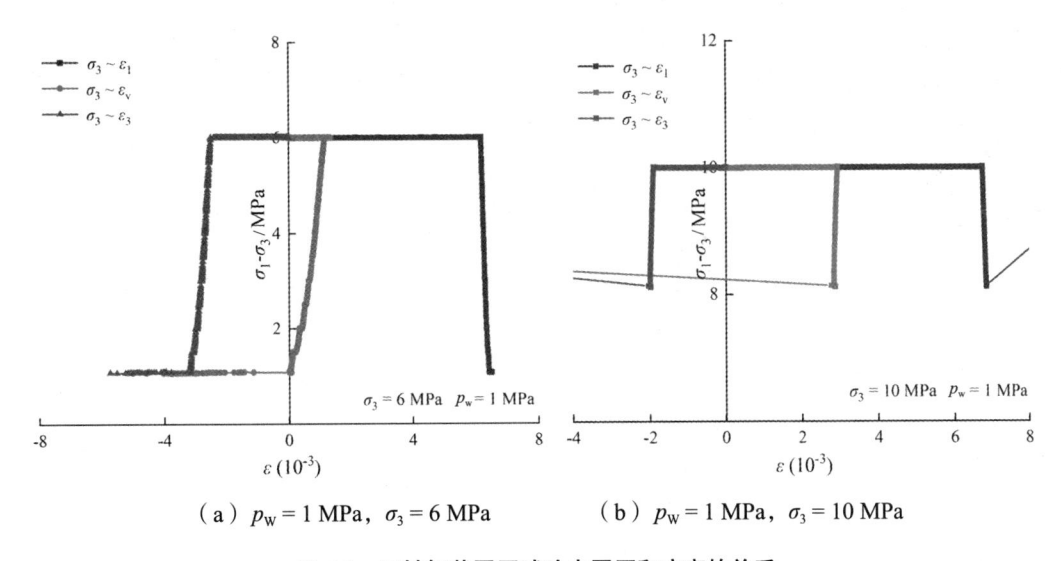

（a）$p_W = 1$ MPa，$\sigma_3 = 6$ MPa　　　（b）$p_W = 1$ MPa，$\sigma_3 = 10$ MPa

图 4-9　三轴卸载围压试验中围压和应变的关系

4.5.2　三轴卸围压下岩石渗透率变化分析

如图 4-10 所示，是花岗岩渗透率与轴向应变的关系，渗透性与岩石的应力状态有密切关系，根据其变化趋势可以分为以下 3 个主要特征阶段。

围压不变轴向应力加载阶段：围压卸载前为三轴压缩，其特性也和直接常规三轴试验相同。在轴向应力初始加载阶段，岩样内部微裂隙、孔隙被压密闭合，原生孔隙微裂隙减小，渗透率随着轴向应力的增加快速减小。轴向加载水平不断提高，岩样内部开始产生新微裂纹，同时原生孔隙微裂隙继续被压缩，渗透率减小的趋势变缓。当裂纹开展和压缩平衡时，岩石渗透率处于稳定；同时围压对裂纹的开展有约束作用，围压 10 MPa 岩样的渗透率小于围压 6 MPa 岩样的渗透率。

轴向应力恒定卸载围压阶段：由图 4-10 可以得出，在岩石破坏以前，随着围压的卸载，岩石的渗透率增大，但增大幅度较小，与所受围压有关。当岩石处在即将破坏的阶段时，渗透率增加较为明显，且低围压下的岩石渗透率有明显的增加段，增加的幅值也较为明显。由图 4-10（a）可得，卸围压的初期岩石仍处于弹性阶段或者裂纹稳定开展阶段，此阶段岩石新裂纹的产生和原生裂纹的闭合处于动态平衡，岩石渗透率稳定。当围压进一步卸载时，岩石内部新产生的裂纹增多，导致卸载围压过程中岩石渗透率增加，岩石即将破坏时，其内部大量裂纹产生、扩展和贯通，其渗透性有较大的增长，甚至产生突变现象。由于高围压下岩石卸载使其脆性更强，破坏的发生更加突然，故高围压岩样的渗透率增加段较短，且没有明显的增加，如图 4-10（b）渗透率曲线所示。在水库区域进行现场开挖过程与此阶段类似，地下硐室在开挖过程中，开挖面前方水平应力不断卸载减小，岩石的承载能力逐渐增大直至极限，反映了开挖过程中库区渗透率的变化规律。

岩石卸载破坏阶段：轴向应力保持不变，随着围压的卸载，岩石的承载能力逐渐降低，当围压卸载到一定大小时，岩石所受的应力超过其极限承载能力而发生破坏。此时岩样的渗透率急剧增加，从图 4-10~图 4-13 可以看出，岩石发生破坏时其渗透率产生突变，是破坏前的几百倍甚至上千倍。这是因为此阶段岩石因破坏导致内部大量孔隙和裂隙产生、扩展和贯通，甚至形成宏观的破裂面，从而转化成裂隙渗流。这是洞库开挖、煤层开采过程中发生渗漏的主要原因之一。

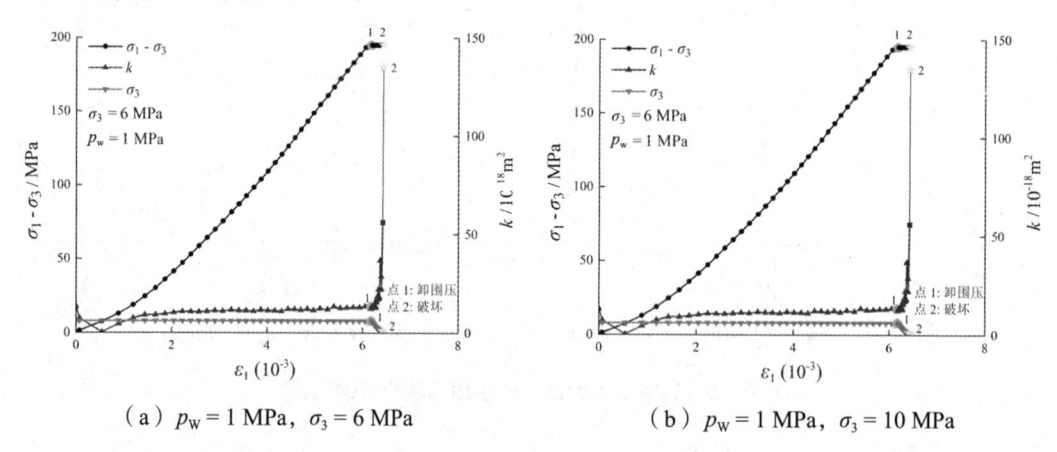

(a) $p_W = 1$ MPa, $\sigma_3 = 6$ MPa

(b) $p_W = 1$ MPa, $\sigma_3 = 10$ MPa

图 4-10 不同应力条件下花岗岩在三轴卸荷围压作用下的轴向应变和渗透率演化特征

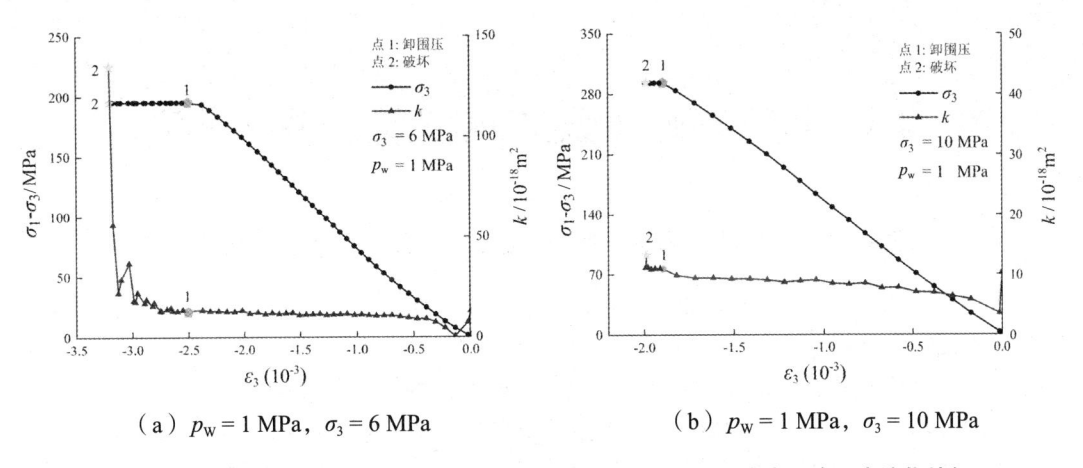

（a）$p_W = 1$ MPa，$\sigma_3 = 6$ MPa　　　　　（b）$p_W = 1$ MPa，$\sigma_3 = 10$ MPa

图 4-11　不同应力条件下花岗岩在三轴卸荷围压作用下的侧向应变和渗透率演化特征

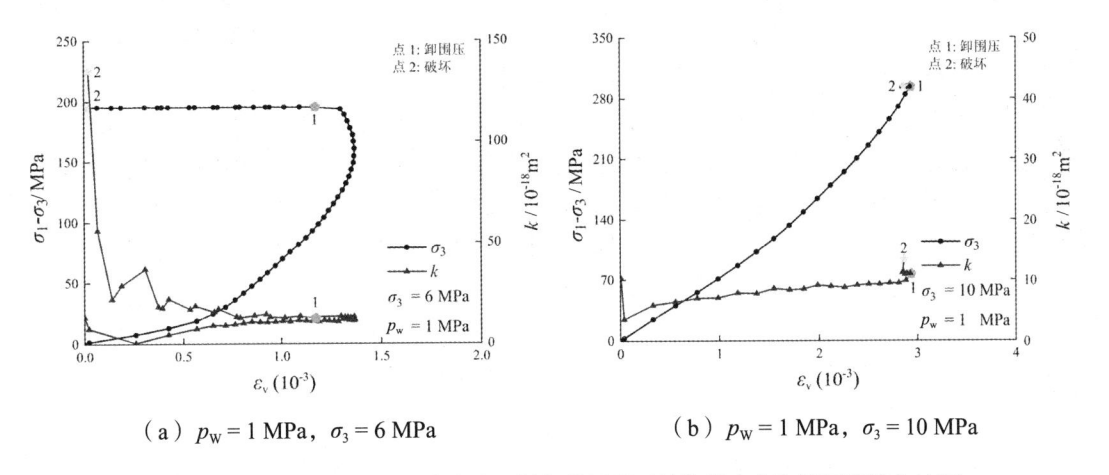

（a）$p_W = 1$ MPa，$\sigma_3 = 6$ MPa　　　　　（b）$p_W = 1$ MPa，$\sigma_3 = 10$ MPa

图 4-12　不同应力条件下花岗岩在三轴卸荷围压下的体积应变和渗透率演化特征

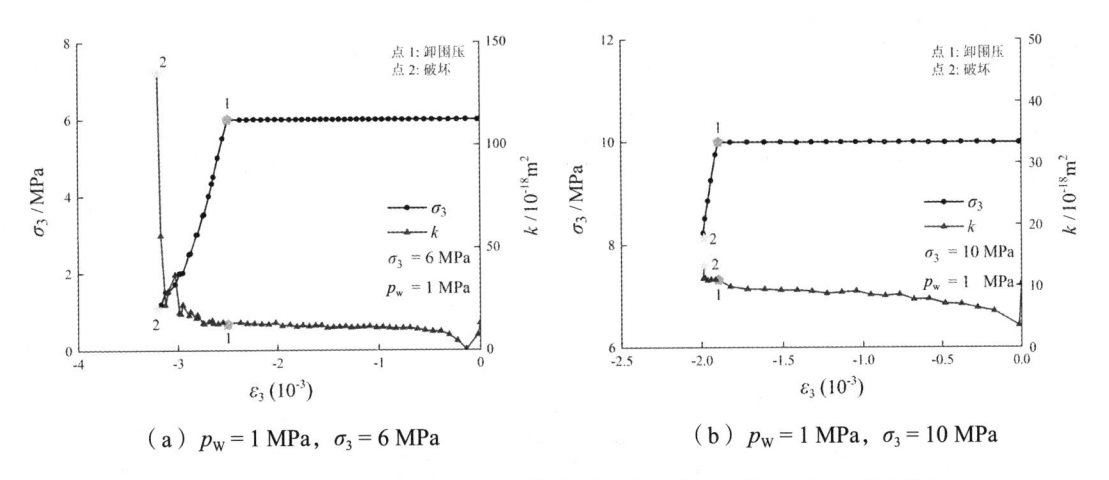

（a）$p_W = 1$ MPa，$\sigma_3 = 6$ MPa　　　　　（b）$p_W = 1$ MPa，$\sigma_3 = 10$ MPa

图 4-13　不同应力条件下花岗岩三轴卸荷围压渗透率与围压和侧向应变的关系

4.6 循环三轴加载和卸载试验结果及分析

4.6.1 循环三轴加载和卸载条件下的试验应力-应变曲线

如图4-14所示，为轴压循环加卸载试验应力-应变图。由图4-14可以看出，由于岩石变形的记忆性，循环加卸载的应力-应变试验曲线仍沿着原来的常规三轴压缩试验曲线趋势上升。试验中各级加载曲线的规律几乎相同，都有着直线段和两端的曲线段。第一级加卸载曲线斜率明显小于其他级，之后逐级加载曲线斜率基本不变。随着应力增加，岩石内部微裂隙产生和扩展，塑性应变逐渐增大，导致各种应力情况下的轴向应变、侧向应变和体积应变回滞环，均随着轴压荷载水平的提升出现向前"迁移"的状况。岩石偏应力-侧向应变试验曲线的非线性起始点明显低于屈服强度，在岩石加卸载过程中，侧向应变更早进入非线性阶段，侧向塑性应变不断积累，达到岩石屈服时，侧向应变急速增加，产生大量的侧向塑性，侧向应变塑性程度明显大于轴向应变的塑性发展，导致侧向应变和体积应变的回滞环的迁移程度明显大于轴向应变。在岩石扩容拐点前，回滞环迁移程度较小，在拐点后岩石进入裂隙扩展阶段，岩石内部裂隙相互贯通，塑性变形快速增加，应变回滞环迁移程度加剧。当渗压和轴向应力相同时，随着围压的增大，岩石的变形受到较大的约束，峰值强度提高，回滞环的迁移程度也逐渐减弱。

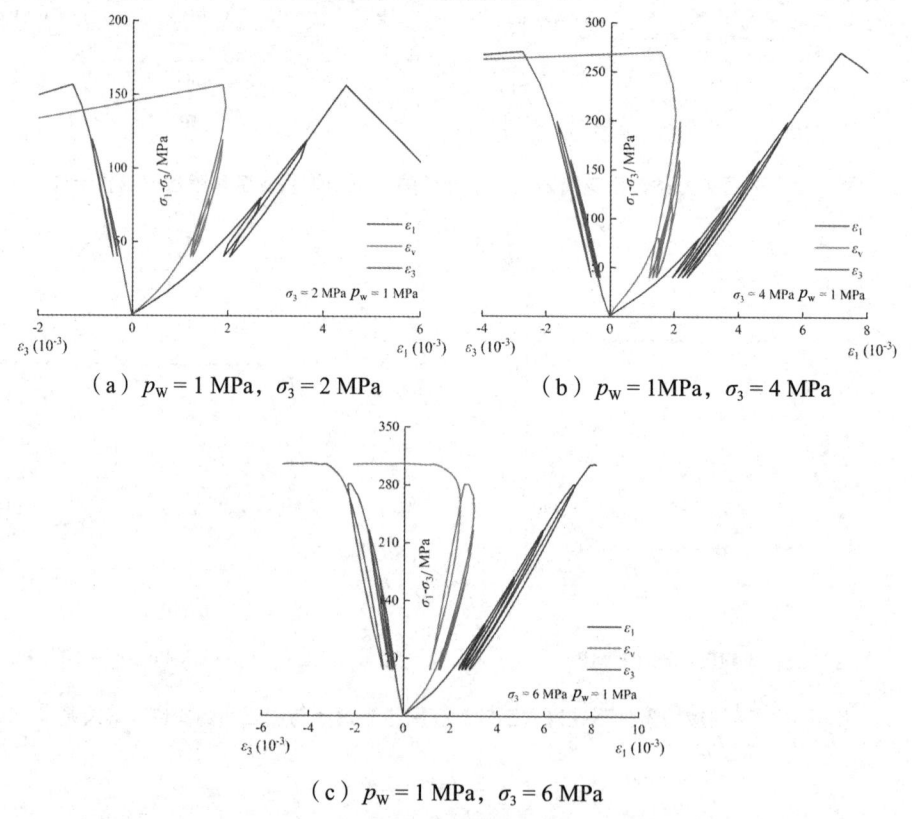

(a) $p_W = 1$ MPa, $\sigma_3 = 2$ MPa

(b) $p_W = 1$ MPa, $\sigma_3 = 4$ MPa

(c) $p_W = 1$ MPa, $\sigma_3 = 6$ MPa

图4-14 不同应力条件下花岗岩三轴循环加载和卸载试验的应力-应变曲线

4.6.2 循环三轴加载和卸载下渗透率变化分析

如图 4-15 所示,为轴压循环加卸载时,在相同渗压不同围压下的花岗岩渗透率与体积应变的关系。当围压为 2 MPa 时,轴压循环加卸载荷载都在体积应变转折应力之前,围压为 4 MPa 时,轴压循环加卸载荷载升至体积应变转折应力同一水平,在围压为 6 MPa 时,轴压循环加卸载的最大荷载已经超过体积应变转折应力。由图 4-15 可以看出,当处在扩容前一阶段时,花岗岩的渗透率较为稳定,没有发生较为明显的变化,随着循环加卸载荷载水平进一步的提高,每级应力加载段对应的渗透率发生短暂的降低现象,之后再次趋于稳定,而在相对应的应力卸载阶段的岩石渗透率增大,且每级应力卸载阶段的渗透率变化不大,近似处在同一水平。此外,与应变回滞环类似,在不同应力水平的轴压循环加卸载阶段,岩石的渗透率也有着类似的变化,即产生渗透率回滞环,由图 4-15(a)(b)可以看出,当应力加载处在体积转折应力水平之前时,岩石所形成的渗透率回滞环较为完整,但在体积转折应力水平之后,岩石渗透率在应力加载阶段发生较大的增长,应力卸载阶段渗透率虽有回落,但仍比该循环加载点对应的初始渗透率大,产生未封闭的渗透率回滞环。此外,由图 4-16 可以看出,每级加卸载过程中,花岗岩加载阶段的渗透率均小于卸载阶段的渗透率。

由图 4-16、图 4-17 可得,在应力加载初期,岩石处于压密阶段和线弹性阶段,岩石内部原生裂隙受压闭合,但因花岗岩的骨架刚度较大,造成压密效果不明显,岩石渗透率只略微减小;当处于裂纹稳定开展阶段,原有裂纹被压密和新裂纹的开展水平相当,岩石的渗透性处于稳定,与常规三轴压缩性质一致。当应力卸载时,岩石内部在前一阶段闭合的孔隙和裂纹重新释放,通道增多,导致渗透率增加。随着荷载水平超过岩石的体积应变转折应力,岩石进入扩容阶段,无论是加载阶段还是卸载阶段渗透率都有较大的增加;当卸载到最低应力水平时,渗透率仍大于加载阶段初始渗透率。这是因为应力荷载水平较大,岩石产生不可恢复的塑性应变,内部裂纹大量萌生、贯通,渗流通道增多,远大于岩石在压密阶段和线弹性阶段的裂隙闭合情况,即使应力卸载,岩石内部的裂隙也仅仅在一定程度上闭合,恢复不到原有的闭合状态。岩石的渗透率和岩石体积应变有密切的关系,当岩石处于压缩阶段,岩石渗透率先减小至稳定,扩容以前岩石渗透率近似稳定,扩容阶段岩石渗透性快速增加。体积应变扩容临界应力可作为渗透率变化的一项指标。

(a) $\sigma_3 = 2$ MPa, $p_w = 1$ MPa

(b) $\sigma_3 = 4$ MPa, $p_w = 1$ MPa

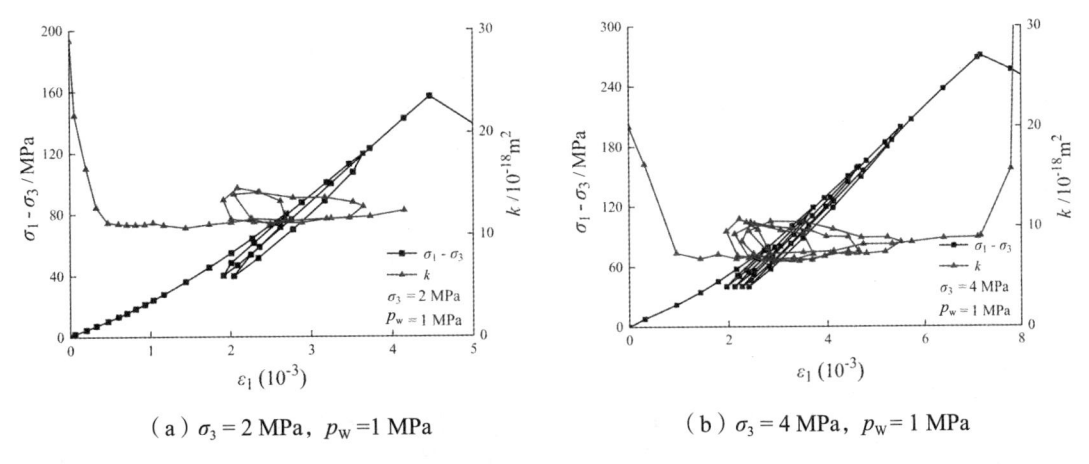

图 4-15 不同应力条件下花岗岩在循环加载和卸载下的轴向应变和渗透性演化特征

（c）$\sigma_3 = 6$ MPa，$p_W = 1$ MPa

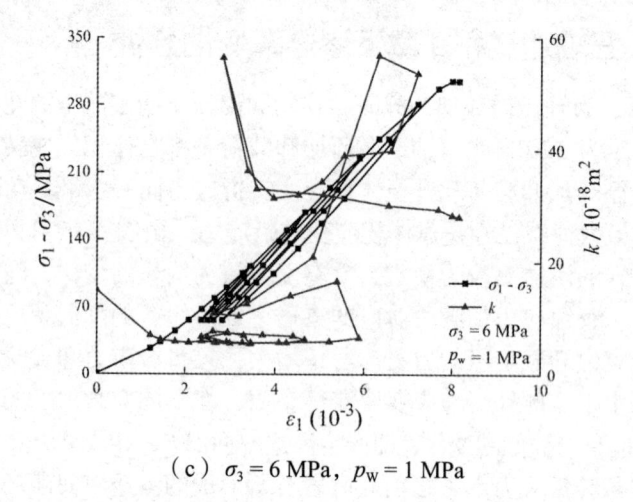

图 4-15　不同应力条件下花岗岩在循环加载和卸载下的轴向应变和渗透性演化特征（续图）

（a）$\sigma_3 = 2$ MPa，$p_W = 1$ MPa

（b）$\sigma_3 = 4$ MPa，$p_W = 1$ MPa

（c）$\sigma_3 = 6$ MPa，$p_W = 1$ MPa

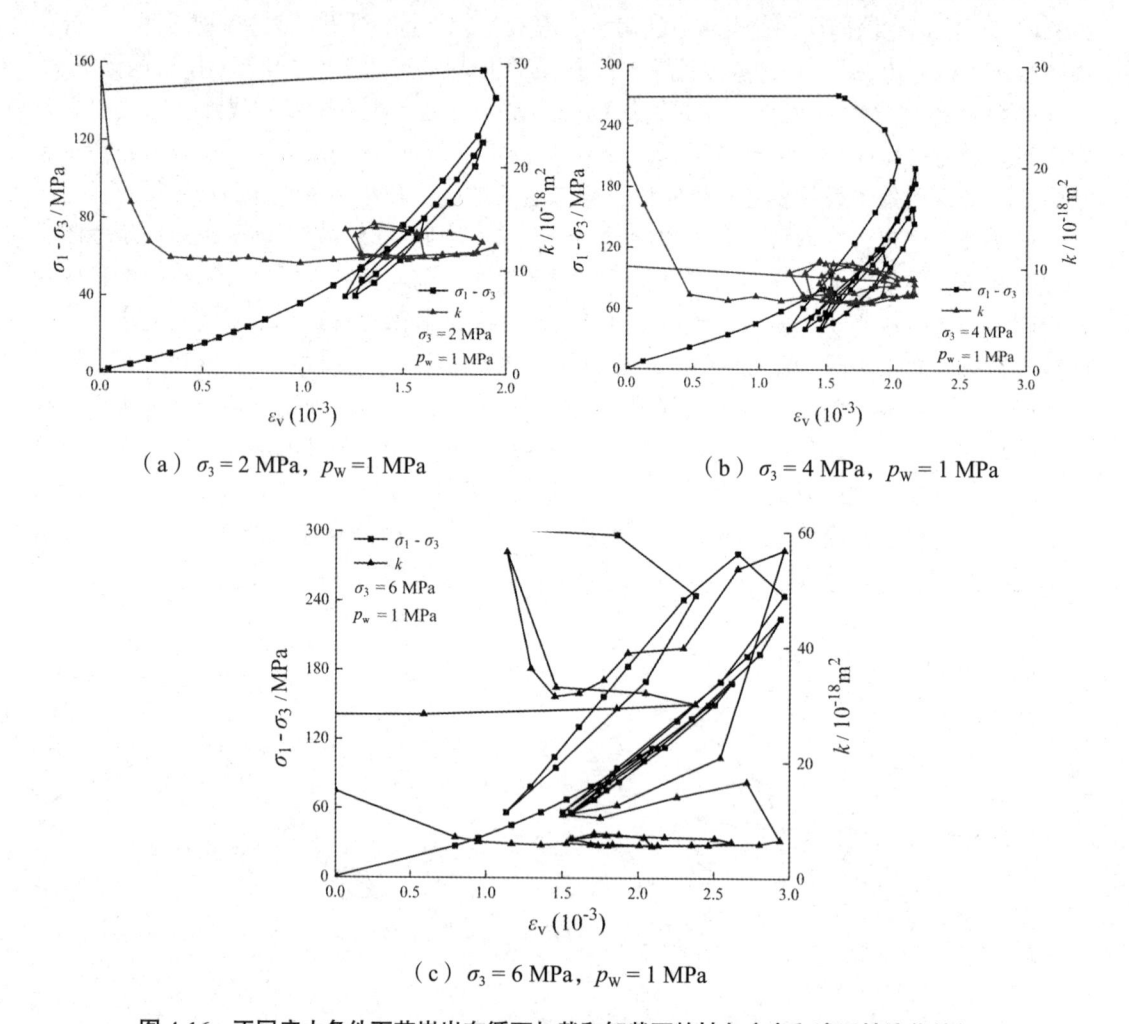

图 4-16　不同应力条件下花岗岩在循环加载和卸载下的轴向应变和渗透性演化特征

(a) $\sigma_3 = 2$ MPa, $p_W = 1$ MPa

(b) $\sigma_3 = 4$ MPa, $p_W = 1$ MPa

(c) $\sigma_3 = 6$ MPa, $p_W = 1$ MPa

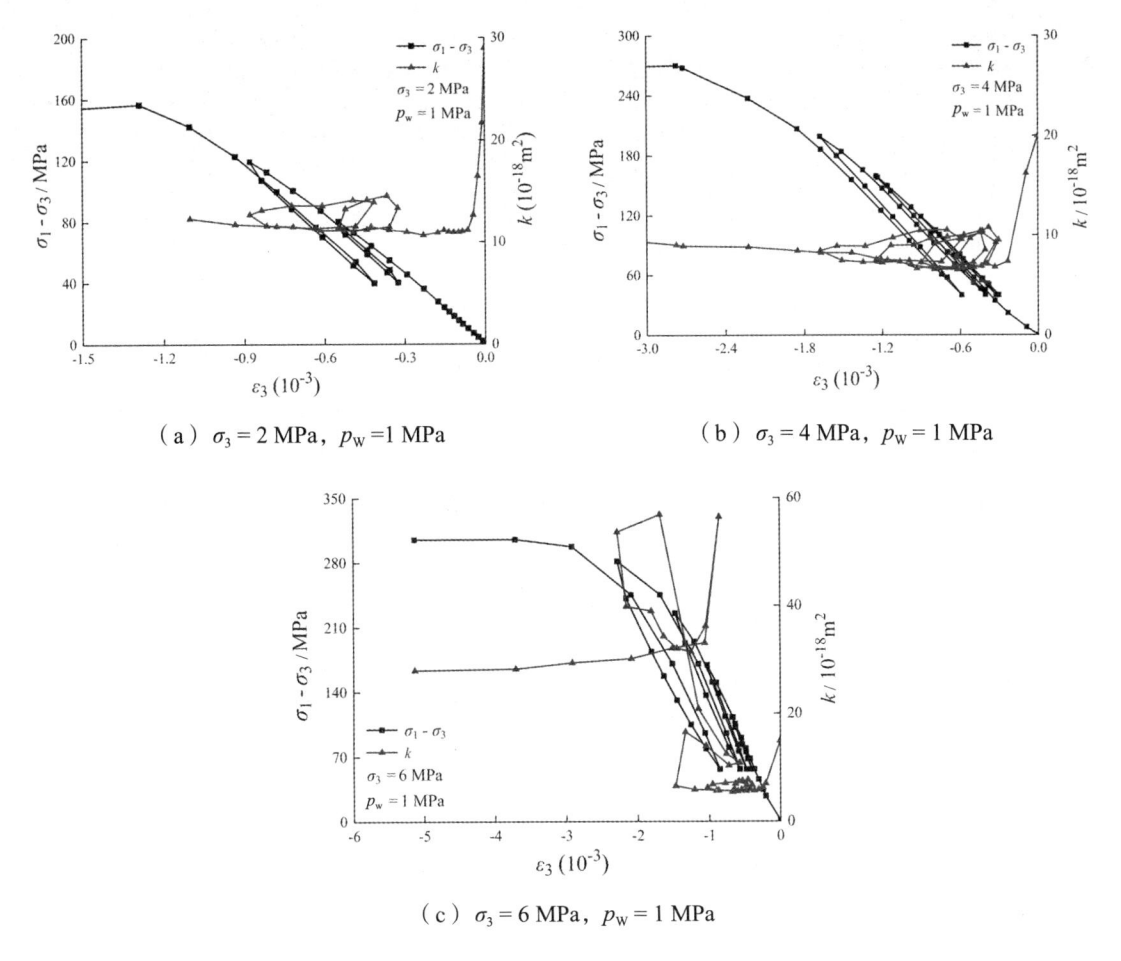

图 4-17 不同应力条件下花岗岩在循环加载和卸载下的横向应变和渗透性演化特征（续图）

4.6.3 应力路径对渗透率的影响

如图 4-18 所示，显示了当 $\sigma_3=6$ MPa 和 $p_W=1$ MPa 时，花岗岩在不同应力路径下的渗透率和应变之间的关系。从图 4-18 的分析可以看出，尽管花岗岩在加载过程中的应力路径不同，但花岗岩的初始渗透率基本保持不变。随着进一步的加载，渗透率会略有下降，但在卸载围压下，加载首先会产生较小的渗透率，然后突变恢复到稳定状态。当渗透性降至最小值时，三轴压缩加载和围压卸载加载的渗透性最小值大致相同，而循环加载和卸载的渗透性最低值低于前两种应力路径的渗透性。由于加载和卸载过程中的连续循环，岩石骨架被压缩以驱动裂缝进一步压实。在稳定渗透阶段，岩石内部的渗流通道小于前两个应力路径，岩石中的水渗透性较差。花岗岩在三轴压缩和卸荷围压两种应力路径下的渗透率曲线大致相同，而花岗岩在循环加载和卸荷下的渗透率线表现出多个渗透率磁滞回线。

图 4-18（a）和（c）显示，当渗透率发生突变时，三轴压缩的轴向应变和横向应变最大，循环加载和卸载的轴向应变与横向应变最小。压缩加载过程中渗透率突变的体积应变最小，三轴压缩与循环加载和卸载过程中渗透率突然变化的体积应变大致相同。从图 4-5、图 4-10 和图 4-16 的比较可以看出，当岩石在相同的应力路径下加载时，尽管岩石的渗透率会随着有效围压的增加而降低，但曲线的变化趋势大致相同。

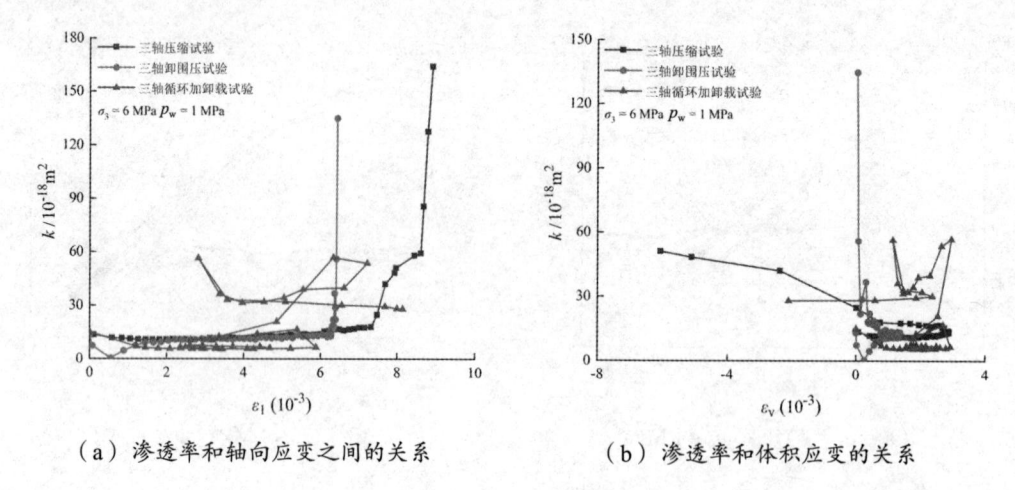

(a) 渗透率和轴向应变之间的关系   (b) 渗透率和体积应变的关系

图 4-18 当 σ_3=6 MPa，p_w=1 MPa 时，不同应力路径下花岗岩的渗透率与应变的关系

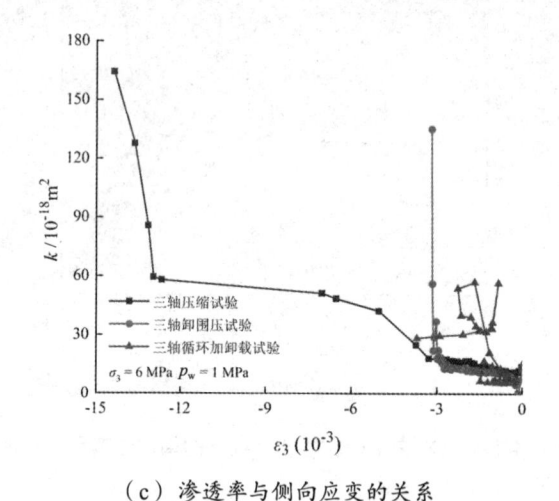

(c) 渗透率与侧向应变的关系

图 4-18 当 σ_3=6 MPa，p_w=1 MPa 时，不同应力路径下花岗岩的渗透率与应变的关系（续图）

4.7 一种新的考虑损伤阈值和初始压实效应的水力耦合统计损伤模型

4.7.1 模型建立

根据让·勒梅特雷（Lemaitre）[31]从损伤力学的角度提出的应变等价性理论：

$$\sigma_i = \sigma_i'(1-D) = E\varepsilon_i(1-D) \tag{4-1}$$

式中：σ_i 为名义应力；σ_i' 为等效应力；D 为损伤变量；E 为弹性模量；ε_i 为名义应变。
考虑渗透压力影响，有效应力表达为[58]

$$\sigma_{ij}' = \sigma_{ij} - \alpha p_\text{w} \delta_{ij} \tag{4-2}$$

由式（4-1）和（4-2）可知，应力渗流耦合下的等效应力 σ_i' 为

$$\sigma_i' = \frac{\sigma_i - \alpha p_w}{1-D} \quad (4-3)$$

根据广义胡克定律，σ_i' 和 ε_i 的关系为

$$\varepsilon_i = \left[\sigma_i' - \mu(\sigma_j' + \sigma_k')\right]/E \quad (4-4)$$

将式（4-1）和（4-3）代入式（4-4），可以得到三维加载条件下全应力-应变下岩石的损伤本构方程：

$$\sigma_i = E\varepsilon_i(1-D) + \mu(\sigma_j + \sigma_k) + (1-2\mu)p_w \quad (4-5)$$

$$D = \left[E\varepsilon_i - \sigma_i + \mu(\sigma_j + \sigma_k) + (1-2\mu)p_w\right]/(E\varepsilon_i) \quad (4-6)$$

岩石统计损伤变量 D 为已破坏的岩石微单元数目 N_f 与无损时总的微元数目 N 的比值[59]，其范围为 0～1，即

$$D = N_f / N \quad (4-7)$$

岩石内部的各种缺陷导致其本身的破坏具有极大的随机性。而 Weibull 分布规律[60],[61]能够较好地反映岩石的这种随机破坏，假定其破坏的概率密度函数为

$$f(\sigma') = \frac{m}{F_0}(F/F_0)^{m-1}\exp\left[-(F/F_0)^m\right] \quad (4-8)$$

岩石微单元破坏概率为

$$P = \int_0^F f(\sigma') = 1 - \exp\left[-F/F_0\right]^m \quad (4-9)$$

则岩石微单元破坏数目：

$$N_f = NP \quad (4-10)$$

将（4-9）式代入（4-10）式，再代入（4-7）式，可得

$$D = 1 - \exp\left(-F/F_0\right)^m \quad (4-11)$$

式中：参数 F 为岩石微元强度变量，研究学者[41],[62],[63]用微元应力直接度量微元强度。因此，令 $F = f(\sigma')$，则岩石的破坏准则通式为

$$f(\sigma') - k_0 = 0 \quad (4-12)$$

式中：k_0 为与材料黏聚力和内摩擦角有关的常数。$F = f(\sigma') \geqslant k_0$ 时，岩石微元达到破坏，所以 $f(\sigma')$ 可以全面反映岩石微元破坏的危险程度。

采用 Drucker-Prager 强度破坏准则来描述岩石微元强度 F：

$$F = \alpha_0 I_1 + \sqrt{J_2} = k_0 \quad (4-13)$$

$$I_1 = \sigma_1' + \sigma_2' + \sigma_3' \quad (4-14)$$

$$J_2 = \frac{1}{6}\left[(\sigma_1' - \sigma_2')^2 + (\sigma_2' - \sigma_3')^2 + (\sigma_3' - \sigma_1')^2\right] \quad (4\text{-}15)$$

$$\alpha_0 = \frac{\sin\varphi}{\sqrt{3(3+\sin^2\varphi)}}, \quad k_0 = \frac{3c\cos\varphi}{\sqrt{3(3+\sin^2\varphi)}} \quad (4\text{-}16)$$

式中：I_1 为应力张量的第一不变量；J_2 为应力偏量的第二不变量；α_0、k_0 为与岩石材料性质有关的参数。

将式（4-3）、（4-14）、（4-15）（4-16）代入式（4-13）可得

$$F = \frac{E\varepsilon_1}{[\sigma_1 - \mu(\sigma_2 + \sigma_3) + (2\mu-1)\alpha P_\text{w}]}\left[\frac{\sin\varphi(\sigma_1 + \sigma_2 + \sigma_3 - 3\alpha P_\text{w})}{\sqrt{3(3+\sin^2\varphi)}}\right.$$
$$\left. + \sqrt{\frac{(1+d^2)(\sigma_1 - \sigma_3)^2 + (\sigma_1 - \sigma_2)^2}{6}}\right] = \frac{3c\cos\varphi}{\sqrt{3(3+\sin^2\varphi)}} \quad (4\text{-}17)$$

式中：$d = \dfrac{\sigma_2 - \sigma_3}{\sigma_1 - \sigma_3}$。

大量实验表明，岩石的损伤破坏存在应力阈值[10],[48],[59],[64]，当岩石所受应力小于损伤阈值时，D 为 0，即岩石未发生破坏。考虑到岩石围压的影响，将岩石裂纹起裂应力 σ_ci（对应的应变为 ε_ci）作为岩石开始破坏的损伤阈值，代入式（4-17）可得不同应力状态阈值微元强度 F_a：

$$F_\text{a} = \frac{E\varepsilon_\text{ci}}{[\sigma_\text{ci} - \mu(\sigma_2 + \sigma_3) + (2\mu-1)\alpha P_\text{w}]}\left[\frac{\sin\varphi(\sigma_\text{ci} + \sigma_2 + \sigma_3 - 3\alpha P_\text{w})}{\sqrt{3(3+\sin^2\varphi)}}\right.$$
$$\left. + \sqrt{\frac{(1+d^2)(\sigma_\text{ci} - \sigma_3)^2 + (\sigma_\text{ci} - \sigma_2)^2}{6}}\right] \quad (4\text{-}18)$$

所以考虑阈值时式（4-11）变为

$$D = \begin{cases} 1 - \exp[-F/F_0]^m & (F \geqslant F_\text{a}) \\ 0 & (F < F_\text{a}) \end{cases} \quad (4\text{-}19)$$

将式（4-19）代入式（4-5）可得基于 Drucker-Prager 准则考虑损伤阈值的统计损伤应力渗流本构模型：

$$\sigma_1 = \begin{cases} E\varepsilon_1 \exp\left[-F/F_0\right]^m + \mu(\sigma_2+\sigma_3) + (1-2\mu)P_w & (F \geqslant F_a) \\ E\varepsilon_1 + \mu(\sigma_2+\sigma_3) + (1-2\mu)P_w & (F < F_a) \end{cases} \quad (4\text{-}20)$$

式中：微元强度阈值 F_a 由式（4-18）确定。当 $F < F_a$ 时，岩石所受应力低于岩石的损伤应力，内部裂纹发展处于稳定状态；当 $F < F_a$ 时，岩石所受应力超过损伤应力，内部裂纹开始产生和扩展，岩石开始发生损伤。

对于常规三轴压缩试验 $\sigma_2 = \sigma_3$ 时，$D=0$，式（4-17）、（4-18）退化为

$$F = \frac{E\varepsilon_1}{[\sigma_1 - 2\mu\sigma_3 + (2\mu-1)\alpha P_w]} \left[\frac{\sin\varphi(\sigma_1 + 2\sigma_3 - 3\alpha P_w)}{\sqrt{3(3+\sin^2\varphi)}} + \frac{\sqrt{3}(\sigma_1-\sigma_3)}{3}\right] \quad (4\text{-}21)$$

$$F_a = \frac{E\varepsilon_{ci}}{[\sigma_{ci} - 2\mu\sigma_3 + (2\mu-1)\alpha P_w]} \left[\frac{\sin\varphi(\sigma_{ci} + 2\sigma_3 - 3\alpha P_w)}{\sqrt{3(3+\sin^2\varphi)}} + \frac{\sqrt{3}(\sigma_{ci}-\sigma_3)}{3}\right] \quad (4\text{-}22)$$

在应力加载初期，为岩石压密阶段，岩石内部裂缝闭合，应力应变曲线呈上凹形。考虑到此阶段的影响，引入压实系数 K 进行修正。

$$K = \begin{cases} \log_n\left[\dfrac{(n-1)\varepsilon_1}{\varepsilon_y} + 1\right] & (\varepsilon_1 < \varepsilon_y) \\ 1 & (\varepsilon_1 \geqslant \varepsilon_y) \end{cases} \quad (4\text{-}23)$$

式中：n 为试验中获得的常数。带入式（4-20）得到考虑初始压密效应的统计损伤应力渗流本构模型：

$$\sigma_1 = \begin{cases} KE\varepsilon_1 \exp\left[-F/F_0\right]^m + 2\mu\sigma_3 + (1-2\mu)P_w & (F \geqslant F_a) \\ KE\varepsilon_1 + 2\mu\sigma_3 + (1-2\mu)P_w & (F < F_a) \end{cases} \quad (4\text{-}24)$$

4.7.2 模型参数的确定方法

模型含有 Weibull 分布参数 m 和 F_0，可通过试验曲线拟合的方法确定，$F \geqslant F_a$ 时，变化式（4-24）：

$$\left[\frac{\sigma_1 - 2\mu\sigma_3 - (1-2\mu)P_w}{KE\varepsilon_1}\right] = \exp\left(-F/F_0\right)^m \quad (4\text{-}25)$$

$$\ln-\ln\left[\frac{\sigma_1-2\mu\sigma_3-(1-2\mu)P_\mathrm{w}}{KE\varepsilon_1}\right]=m\ln F-m\ln F_0 \qquad (4\text{-}26)$$

$$Y=mX-B \qquad (4\text{-}27)$$

对式（4-25）取两次对数：

式中：$Y=\ln\left\{-\ln\dfrac{\sigma_1-2\mu\sigma_3-(1-2\mu)P_\mathrm{w}}{KE\varepsilon_1}\right\}$；$X=\ln F$；$B=m\ln F_0$，通过试验数据拟合得到 m 和 B，进而得到 $F_0=\exp(B/m)$。

4.7.3 模型试验验证

采用本书中不同应力条件下三种花岗岩试验结果对建立力学模型进行验证。根据表4-2中不同试验条件下的模型参数 m、F_0，由式（4-19）计算得到考虑损伤阈值时的损伤变量，如图4-19所示。

表 4-2 相同渗流压力和不同围压下的模型参数

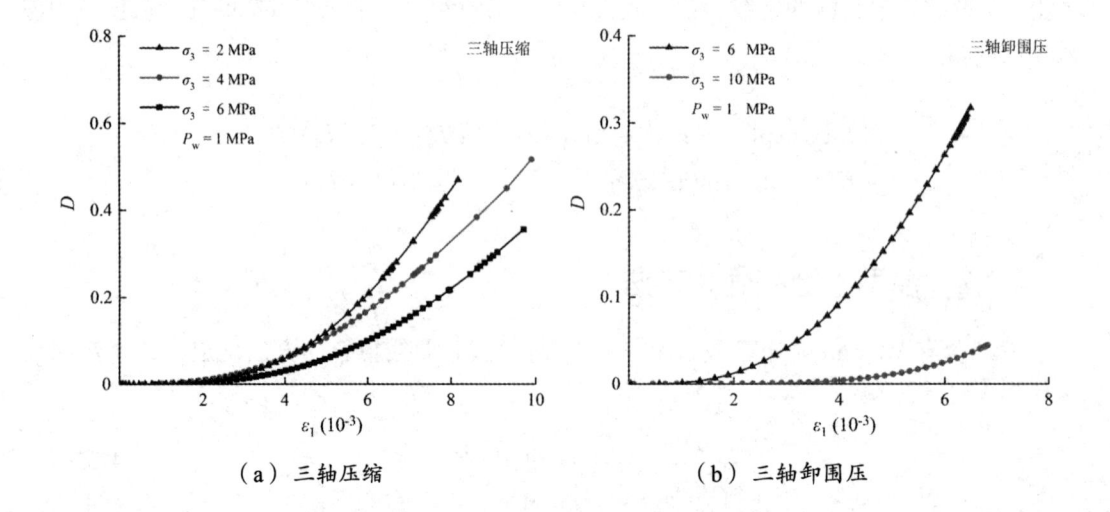

试样编号	三轴压缩			三轴卸围压		三轴循环加卸载		
	A01	A02	A05	U07	U08	L09	L10	L11
σ_eff / MPa	1	3	5	5	9	1	3	5
σ_eff / MPa	73.16	84.36	114.11	98.77	174.08	66.21	104.57	134.58
$\varepsilon_\mathrm{ci}/10^{-3}$	2.553	3.076	3.736	3.575	4.070	2.272	3.278	3.801
m	3.264	2.678	2.434	4.697	4.472	5.264	3.658	3.504
F_0 / MPa	229.445	276.013	290.045	186.300	321.852	144.408	277.742	325.988

（a）三轴压缩　　　　　　　　　（b）三轴卸围压

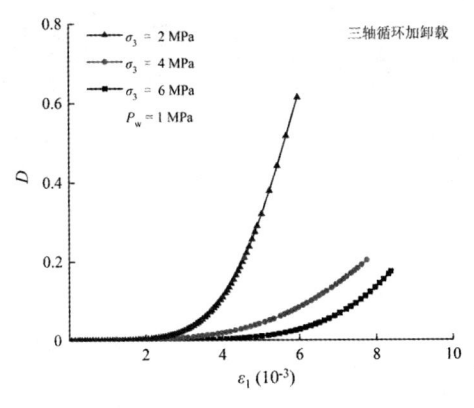

第4章 复杂应力状态下低渗透脆性岩石渗透率的演化规律研究

（c）三轴循环加载和卸载

图 4-19 当渗透压力（P_W=1 MPa）相同时，考虑不同围压（σ_3=2 MPa，4 MPa，6 MPa）下的损伤阈值时，损伤变量与应变之间的关系

如图 4-20~图 4.22 所示，显示了 4.7.1 节中建立的两个模型的模拟结果。模型 1（式 4-20）在建立过程中只考虑了损伤阈值的影响，模拟曲线与岩石压实阶段的实际测试曲线不同。为了进一步符合试验结果，压实系数为 K 的模型 2（式 4-24）与三种试验条件（三轴压缩试验、三轴卸载围压试验和三轴循环加载和卸载试验）下的曲线一致，与岩石的渐进变形和破坏一致。过程是一致的，验证了模型的合理性。

（a）$\sigma_3 = 2$ MPa，$P_W = 1$ MPa

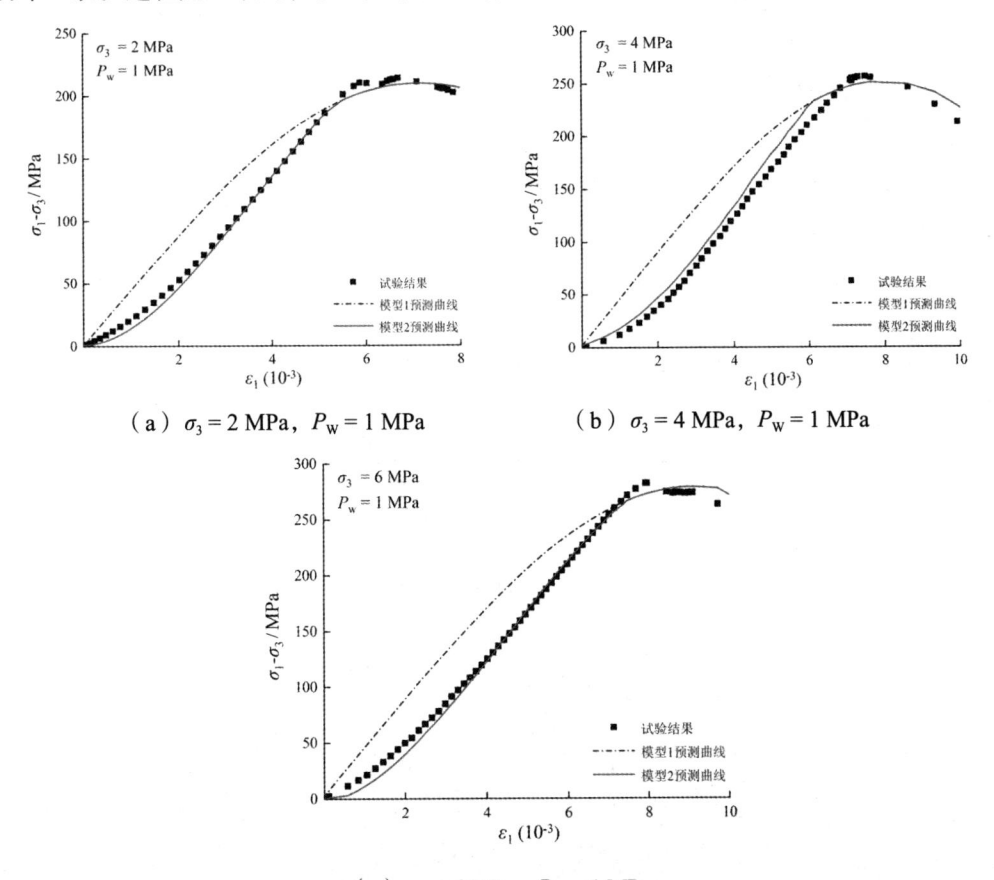

（b）$\sigma_3 = 4$ MPa，$P_W = 1$ MPa

（c）$\sigma_3 = 6$ MPa，$P_W = 1$ MPa

图 4-20 花岗岩三轴压缩试验结果与模型预测曲线对比

（a）$\sigma_3 = 6$ MPa，$P_w = 1$ MPa （b）$\sigma_3 = 10$ MPa，$P_w = 1$ MPa

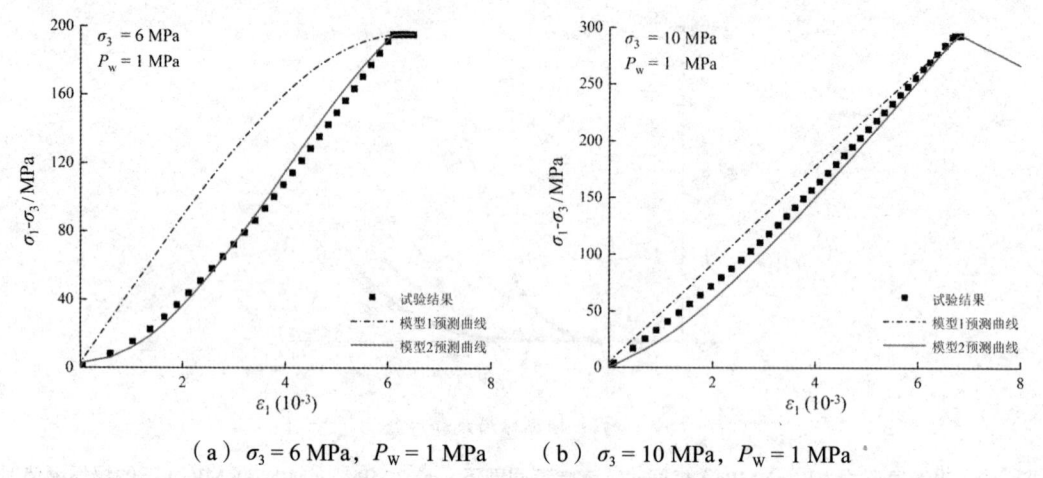

图 4-21　花岗岩三轴卸荷围压试验结果与模型预测曲线对比

（a）$\sigma_3 = 2$ MPa，$P_w = 1$ MPa （b）$\sigma_3 = 4$ MPa，$P_w = 1$ MPa

（c）$\sigma_3 = 6$ MPa，$P_w = 1$ MPa

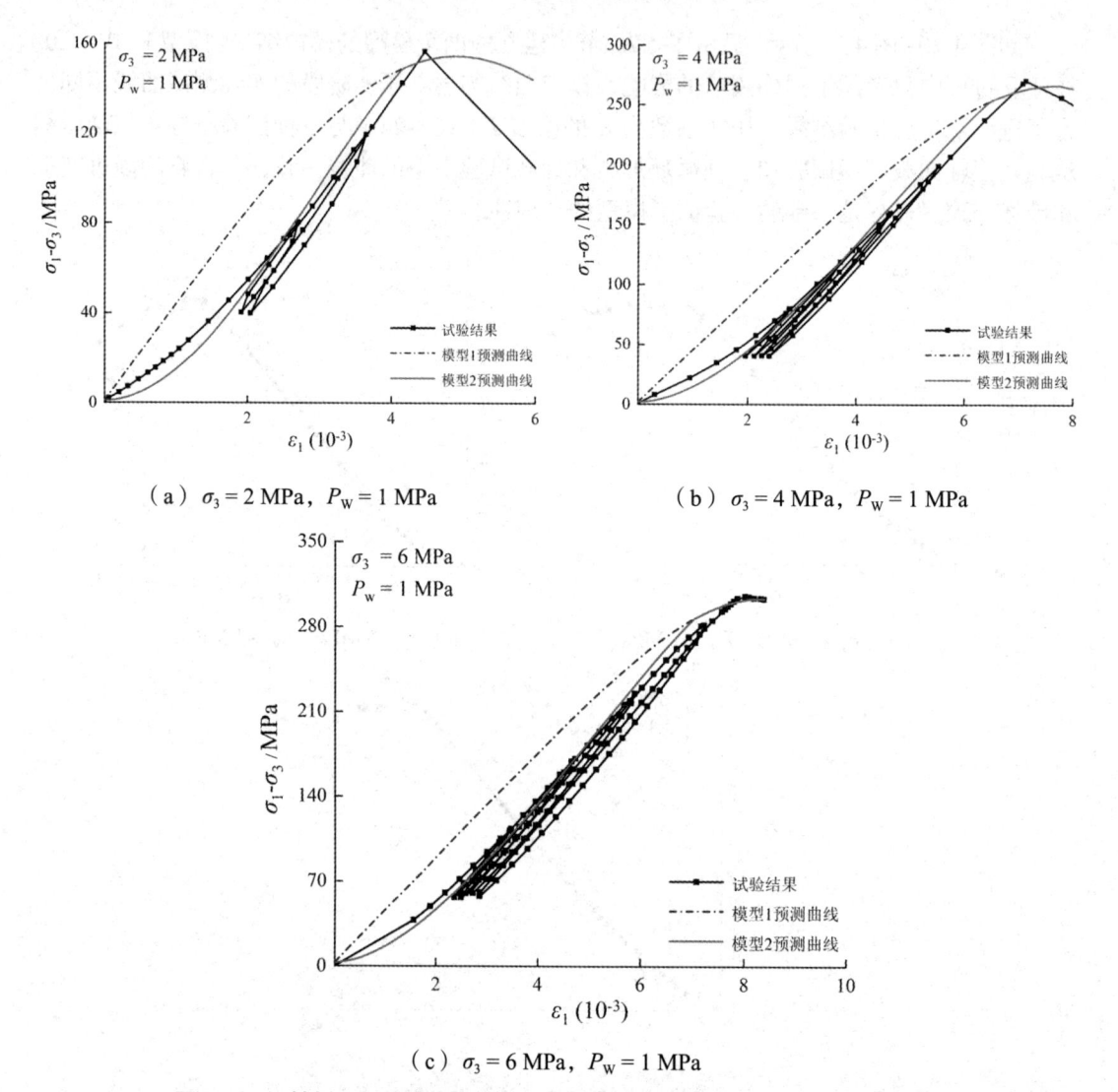

图 4-22　三轴循环加载和卸载试验下花岗岩试验结果与模型预测曲线的比较

4.7.4 模型参数 F_0 与 m 以及 σ_{eff} 之间的关系

模型参数 F_0 与岩石的强度有关，岩石的强度会随着模型参数 F_0 的增大而增大。而岩石的延脆性则与模型参数 m 有关，m 越小，岩石的微元强度分布得越离散，岩石的延性越大，因此模型参数 m 又称为岩石均质性系数。研究学者[62],[63]提出指数、抛物线和双曲线等函数关系来拟合模型参数与有效围压的关系，并取得较好的拟合效果。表 4-2 列出了不同试验条件和应力条件下的岩石模型参数，模型参数 F_0、m 与有效围压的关系如图 4-23 所示。模型参数 F_0、m 与有效围压有着较好的相关性，由表 4-2 和图 4-23 中可知，在常规三轴压缩和常规三轴循环加卸载两种应力路径下的岩石模型参数 F_0、m 变化规律大致相同，随着有效围压的增大，F_0 线性增加，m 指数减少。

（a）m 与 σ_{eff} 的关系

（b）F_0 与 σ_{eff} 的关系

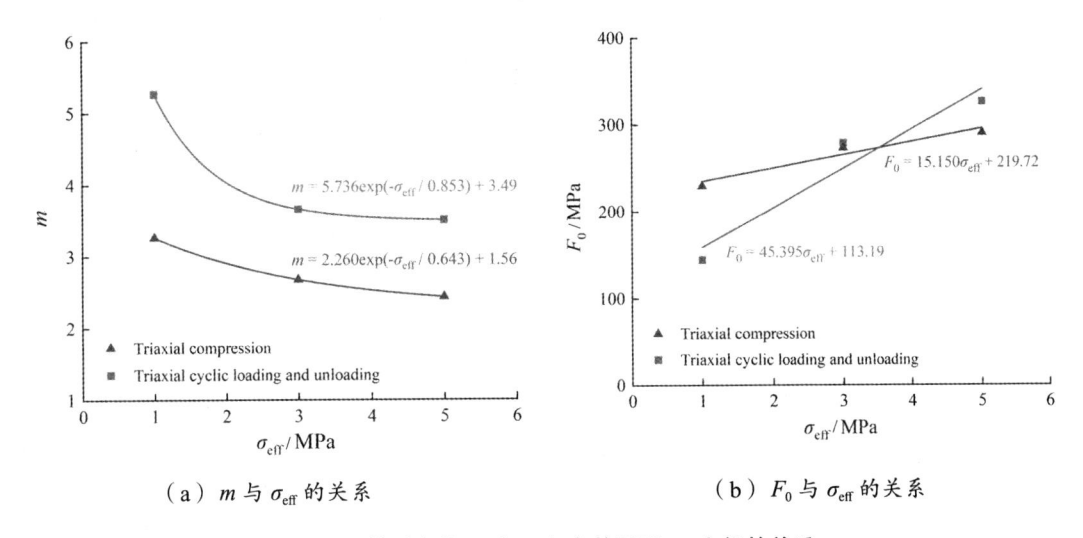

图 4-23　模型参数 F_0 和 m 与有效围压 σ_{eff} 之间的关系

4.8　小结

（1）在三轴压缩和卸载围压作用下，花岗岩的渗透率经历了逐渐降低，然后趋于稳定，然后随着应力的增加而突然变化。当 σ_3 较低或 P_w 较高时，花岗岩渗透率突变应变较小。在三轴循环加载和卸载条件下，岩石的渗透率曲线可以形成多个渗透率磁滞回线。此外，体积应变与渗透率密切相关，比其他应变更能清楚地反映渗透率的变化。因此，体积转向应变（体积转向应力）可以作为岩石渗透性变化的指标，为岩石工程的渗流稳定性分析提供参考。

（2）应力路径对岩石变形和渗透特性有显著影响。花岗岩在各种应力路径下的初始渗透率几乎保持不变。然而，在三轴循环加载和卸载下，岩石的压实效应相对更明显，导致在该特定应力路径下观察到的渗透率最低。此外，与其他两种加载方法相比，循环加载和卸载会对岩石造成更大的内部损伤，表现出明显不同的渗透率变化模式和更早出现的渗透率突变点。

（3）基于 Drucker-Prager 强度准则，建立了一种新的渗流 - 应力耦合统计损伤模型。与不同应力路径下岩石的实验曲线相比，所建立的模型模拟曲线在各个阶段都具有较高的一致性。尽管应力路径不同，但参数 F_0 和 m 与 σ_{eff} 之间的拟合关系相似，并且具有良好的相关性。

参考文献

[1] YE Z, GHassemi A. Injection-Induced Shear Slip and Permeability Enhancement in Granite Fractures [J]. Journal of Geophysical Research: Solid Earth, 2018, 123（10）: 9009-9032.

[2] Jonny, Rutquist, Ove, Stephansson. The role of hydromechanical coupling in fractured rock engineering [J]. Hydrogeology Journal, 2003, 11（1）: 7-40.

[3] Song Z, Wang T, Wang J, et al. Uniaxial compression mechanical properties and damage constitutive model of limestone under osmotic pressure [J]. International Journal of Damage Mechanics, 2021（4）: 31.

[4] C David, W Zhu, T-F Wong. Mechanical compaction, microstructures and permeability evolution in sandstones [J]. Physics and Chemistry of the Earth, Part A: Solid Earth and Geodesy, 2001, Volume 26, Issues 1–2, : 45-51.

[5] Wang S, Elsworth D, Liu J. Permeability evolution during progressive deformation of intact coal and implications for instability in underground coal seams [J]. International Journal of Rock Mechanics and Mining Sciences, 2013, 58: 34-45.

[6] Wang L, Liu J-F, Pei J-L, et al. Mechanical and permeability characteristics of rock under hydro-mechanical coupling conditions [J]. Environmental Earth Sciences, 2015, 73（10）: 5987-96.

[7] Alam A K M B, Niioka M, Fujii Y, et al. Effects of confining pressure on the permeability of three rock types under compression [J]. International Journal of Rock Mechanics and Mining Sciences, 2014, 65: 49-61.

[8] Wang H L, Xu W Y, Shao J F. Experimental Researches on Hydro-Mechanical Properties of Altered Rock Under Confining Pressures [J]. Rock Mechanics and Rock Engineering, 2013, 47（2）: 485-93.

[9] Shi J, Zhang J, Zhang C, et al. Numerical model on predicting hydraulic fracture propagation in low-permeability sandstone [J]. International Journal of Damage Mechanics, 2021, 30（2）: 297-320.

[10] Liu Y R, Wa W Q, He Z, et al. Nonlinear creep damage model considering effect of pore pressure and analysis of long-term stability of rock structure [J]. International Journal of Damage Mechanics, 2020, 29（1）: 144-165.

[11] Dong J-J, Hsu J-Y, Wu W-J, et al. Stress-dependence of the permeability and porosity of sandstone and shale from TCDP Hole-A [J]. International Journal of Rock Mechanics

and Mining Sciences, 2010, 47（7）: 1141-1157.

［12］Zhang R, Ning Z, Yang F, et al. A laboratory study of the porosity-permeability relationships of shale and sandstone under effective stress [J]. International Journal of Rock Mechanics and Mining Sciences, 2016, 81: 19-27.

［13］Xu C, Lin C, Kang Y, et al. An Experimental Study on Porosity and Permeability Stress-Sensitive Behavior of Sandstone Under Hydrostatic Compression: Characteristics, Mechanisms and Controlling Factors [J]. Rock Mechanics and Rock Engineering, 2018, 51（8）: 2321-2338.

［14］Su T, Zhou H, Zhao J, et al. A modeling approach to stress-dependent porosity and permeability decays of rocks [J]. Journal of Natural Gas Science and Engineering, 2022, 106: 104765.

［15］Popp T, Salzer K. Anisotropy of seismic and mechanical properties of Opalinus clay during triaxial deformation in a multi-anvil apparatus [J]. Physics and Chemistry of the Earth, Parts A/B/C, 2007, 32（8-14）: 879-888.

［16］Jobmann M, Wilsnack T, Voigt H D. Investigation of damage-induced permeability of Opalinus clay [J]. International Journal of Rock Mechanics and Mining Sciences, 2010, 47（2）: 279-285.

［17］Amann F, Ündül Ö, Kaiser P K. Crack Initiation and Crack Propagation in Heterogeneous Sulfate-Rich Clay Rocks [J]. Rock Mechanics and Rock Engineering, 2014, 47（5）: 1849-1865.

［18］Zhang C-L. The stress–strain–permeability behaviour of clay rock during damage and recompaction [J]. Journal of Rock Mechanics and Geotechnical Engineering, 2016, 8（1）: 16-26.

［19］Xiao W, Zhang D, Wang X. Experimental study on progressive failure process and permeability characteristics of red sandstone under seepage pressure [J]. Engineering Geology, 2019, 265.

［20］Jia Z, Li C, Zhang R, et al. Energy Evolution of Coal at Different Depths Under Unloading Conditions [J]. Rock Mechanics and Rock Engineering, 2019, 52（11）: 4637-4649.

［21］Huang R Q, Huang D. Evolution of Rock Cracks Under Unloading Condition [J]. Rock Mechanics and Rock Engineering, 2014, 47（2）: 453-466.

［22］Qir S-L, Feng X-T, Xiao J-Q, et al. An Experimental Study on the Pre-Peak Unloading Damage Evolution of Marble [J]. Rock Mechanics and Rock Engineering, 2014, 47（2）: 401-419.

［23］Zhou X-P, Zhang J-Z, Wong L N Y. Experimental Study on the Growth, Coalescence and Wrapping Behaviors of 3D Cross-Embedded Flaws Under Uniaxial Compression [J]. Rock Mechanics and Rock Engineering, 2018, 51（5）: 1379-1400.

［24］Chen C, Xu T, Heap M J, et al. Influence of unloading and loading stress cycles on the creep behavior of Darley Dale Sandstone [J]. International Journal of Rock Mechanics and Mining Sciences, 2018, 112: 55-63.

[25] Zhou X-P, Wang Y-T, Zhang J-Z, et al. Fracturing Behavior Study of Three-Flawed Specimens by Uniaxial Compression and 3D Digital Image Correlation: Sensitivity to Brittleness [J]. Rock Mechanics and Rock Engineering, 2019, 52(3): 691-718.

[26] Zhou X P, Cheng H, Feng Y F. An Experimental Study of Crack Coalescence Behaviour in Rock-Like Materials Containing Multiple Flaws Under Uniaxial Compression [J]. Rock Mechanics and Rock Engineering, 2014, 47(6): 1961-1986.

[27] Zhao X G, Wang J, Cai M, et al. Influence of Unloading Rate on the Strainburst Characteristics of Beishan Granite Under True-Triaxial Unloading Conditions [J]. Rock Mechanics and Rock Engineering, 2014, 47(2): 467-483.

[28] Medhurst T P, Brown E T. A study of the mechanical behaviour of coal for pillar design [J]. International Journal of Rock Mechanics and Mining Sciences, 1998, 35(8): 1087-1105.

[29] Zhang W J, Chen Y M, Zhan L T. Loading/Unloading response ratio theory applied in predicting deep-seated landslides triggering [J]. Engineering Geology, 2006, 82(4): 234-240.

[30] Wang Y, Feng W K, Hu R L, et al. Fracture Evolution and Energy Characteristics During Marble Failure Under Triaxial Fatigue Cyclic and Confining Pressure Unloading (FC-CPU) Conditions [J]. Rock Mechanics and Rock Engineering, 2021, 54(2): 799-818.

[31] Lemaitre J. How to use damage mechanics [J]. Nuclear Engineering and Design, 1984, 80(2): 233-245.

[32] Ju J W. On energy-based coupled elastoplastic damage theories: Constitutive modeling and computational aspects [J]. International Journal of Solids and Structures, 1989, 25(7): 803-833.

[33] Ju J-W. Isotropic and Anisotropic Damage Variables in Continuum Damage Mechanics [J]. Journal of Engineering Mechanics, 1990, 116(12): 2764-2770.

[34] Bai Y, Shan R, Han T, et al. Study on triaxial creep behavior and the damage constitutive model of red sandstone containing a single ice-filled flaw [J]. International Journal of Damage Mechanics, 2020, 30(3): 349-73.

[35] Zhao Y, Liu Q, Zhang C, et al. Coupled seepage-damage effect in fractured rock masses: model development and a case study [J]. International Journal of Rock Mechanics and Mining Sciences, 2021, 144: 104822—.

[36] Chen K. Constitutive model of rock triaxial damage based on the rock strength statistics [J]. International Journal of Damage Mechanics, 2020, 29(10): 1487-1511.

[37] Chen Y, Lin H, Wang Y, et al. Statistical damage constitutive model based on the Hoek–Brown criterion [J]. Archives of Civil and Mechanical Engineering, 2021, 21(3): 117.

[38] Ji J, Zhang C, Gao Y, et al. Reliability-based design for geotechnical engineering: An inverse FORM approach for practice [J]. Computers and Geotechnics, 2019, 111: 22-29.

[39] Chen S, Qiao C, Ye Q, et al. Comparative study on three-dimensional statistical damage constitutive modified model of rock based on power function and Weibull distribution [J]. Environmental Earth Sciences, 2018, 77(3): 108.

[40] Deng J, Pandey M D. Using partial probability weighted moments and partial maximum entropy to estimate quantiles from censored samples [J]. Probabilistic Engineering Mechanics, 2009, 24(3): 407-417.

[41] Deng J, Gu D. On a statistical damage constitutive model for rock materials [J]. Computers & Geosciences, 2011, 37(2): 122-128.

[42] Liu H Y, Lv S R, Zhang L M, et al. A dynamic damage constitutive model for a rock mass with persistent joints [J]. International Journal of Rock Mechanics and Mining Sciences, 2015, 75: 132-139.

[43] Bennett K C, Borja R I. Hyper-elastoplastic/damage modeling of rock with application to porous limestone [J]. International Journal of Solids and Structures, 2018, 143: 218-231.

[44] Zhao L-Y, Shao J-F, Zhu Q-Z. Analysis of localized cracking in quasi-brittle materials with a micro-mechanics based friction-damage approach [J]. Journal of the Mechanics and Physics of Solids, 2018, 119: 163-187.

[45] Zhang D, Liu E, Yu D. A micromechanics-based elastoplastic constitutive model for frozen sands based on homogenization theory [J]. International Journal of Damage Mechanics, 2019, 29(5): 689-714.

[46] Shen W Q, Shao J F, Kondo D, et al. A micro-macro model for clayey rocks with a plastic compressible porous matrix [J]. International Journal of Plasticity, 2012, 36 (none): 64-85.

[47] Chen K. Constitutive model of rock triaxial damage based on the rock strength statistics [J]. International Journal of Damage Mechanics, 2020, 29(1): 105678952092372.

[48] Wang T, Ma Z G. Research on strain softening constitutive model of coal-rock combined body with damage threshold [J]. International Journal of Damage Mechanics, 2022, 31(1): 22-42.

[49] Zheng Z, Su H, Mei G, et al. Experimental and damage constitutive study of the stress-induced post-peak deformation and brittle–ductile behaviours of prismatic deeply buried marble [J]. Bulletin of Engineering Geology and the Environment, 2022, 81(10): 427.

[50] Zheng Z, Tang H, Zhang Q, et al. True triaxial test and PFC3D-GBM simulation study on mechanical properties and fracture evolution mechanisms of rock under high stresses [J]. Computers and Geotechnics, 2023, 154: 105136.

[51] Zhu Yuping. A micromechanics-based damage constitutive model of porous rocks [J].

International Journal of Rock Mechanics & Mining Sciences, 2017, 91(Complete): 1-6.

[52] Sumelka W. A note on non-associated Drucker-Prager plastic flow in terms of fractional calculus [J]. Journal of Theoretical and Applied Mechanics, 2014, 52: 571-574.

[53] Sun Y, Shen Y. Constitutive Model of Granular Soils Using Fractional-Order Plastic-Flow Rule [J]. International Journal of Geomechanics, 2017, 17: 04017025.

[54] Sun Y, Semelka W. Fractional viscoplastic model for soils under compression [J]. Acta Mechanica, 2019, 230(9): 3365-3371.

[55] Sun Y, Chen C, Gao Y. Stress-fractional model with rotational hardening for anisotropic clay [J]. Computers and Geotechnics, 2020, 126: 103719.

[56] Zheng Z, Cai Z, Su G, et al. A new fractional-order model for time-dependent damage of rock under true triaxial stresses [J]. International Journal of Damage Mechanics, 2022.

[57] Zheng Z, Xu H, Wang W, et al. Hydro-mechanical coupling characteristics and damage constitutive model of low-permeability granite under triaxial compression [J]. International Journal of Damage Mechanics, 2022, 32(2): 235-261.

[58] Biot M A. General Theory of Three-Dimensional Consolidation [J]. Journal of Applied Physics, 1941, 12(2): 155-164.

[59] Li X, Cao W-G, Su Y-H. A statistical damage constitutive model for softening behavior of rocks [J]. Engineering Geology, 2012, 143-144: 1-17.

[60] Weibull W. A Statistical Distribution Function of Wide Applicability [J]. Journal of Applied Mechanics, 1951, 18(3): 293-297.

[61] Tang C A, Liu H, Lee P K K, et al. Numerical studies of the influence of microstructure on rock failure in uniaxial compression — Part I: effect of heterogeneity [J]. International Journal of Rock Mechanics and Mining Sciences, 2000, 37(4): 555-569.

[62] Wengui C, Zulif F, Xuejun T. A study of statistical constitutive model for softening and damage rocks [J]. Chinese Journal of Rock Mechanics and Engineering, 1998, 17(06): 628-633.

[63] Wengui C, Heng Z, Ling Z, et al. Damage statistical softening constitutive model for rock considering effect of damage threshold and its parameters determination method [J]. Chinese Journal of Rock Mechanics and Engineering, 2008, 27(06): 1148-1154.

[64] Huang Y H, Yang S Q. Mechanical and cracking behavior of granite containing two coplanar flaws under conventional triaxial compression [J]. International Journal of Damage Mechanics, 2019, 28(4): 590-610.

第 5 章 滑坡位移曲线形态特征研究

5.1 研究背景及研究意义

正确辨识滑坡演化阶段是实施可靠预测预警的基础。预测预警的结果必须结合滑坡所处的演化阶段进行解释和决策。标准的滑坡演化过程历经初始变形、等速变形和加速变形三个蠕变阶段，位移-时间曲线呈倒"S"形[1,2]。许强[3]将加速变形阶段细分为初加速、匀加速和临滑加速三个亚阶段。王尚庆[4]将新滩滑坡的演化过程划分为缓慢变形、匀速变形、加速变形和急剧变形四个阶段。孔纪名[5]将演化过程分为蠕滑、滑动和剧滑三个阶段。成永刚[6]依据滑坡各演化阶段的变形特征，将滑坡变形分为蠕动、挤压、微滑、剧滑和稳定压密五个阶段。

标准的滑坡演化阶段划分方法是基于坡体仅受重力荷载作用划分的，不足以完全刻画真实环境中遭受复杂力学状态的滑坡所表现出的演化特征，在实际工程应用中略有不足[7,8]。为此，一些学者根据不同领域的具体需求，重新划分滑坡的演化阶段。马丁（Martin）[9]将矿山边坡的变形分为初始响应和应变软化两个阶段。在初始响应阶段，变形具有应变硬化特征，通过体积膨胀锁固岩体，抑制变形快速发展，从而增加斜坡整体稳定性。在应变软化阶段，变形快速增加，岩体或滑动面的抗剪强度降低，趋于失稳破坏。勒罗维（Leroueil）等[10]基于变形速度并纳入峰值强度和剩余强度的概念，将滑坡运动过程划分破坏前、初次破坏、破坏后和重新激活四个阶段。苏利文（Sullivan）[7]将矿山边坡变形破坏的演化过程分为破坏前、破坏时、破坏后三个阶段，并给出不同演化阶段的位移和速度时间曲线类型。

当前，滑坡位移曲线分类成为滑坡演化阶段辨识的重要工具。国内外学者提出了多种不同的位移-时间曲线分类系统，如表 5-1 所示。这些分类系统主要依据滑坡位移-时间曲线的几何形态，兼具考虑变形破坏机制、触发因素作用及动态发展趋势等多种因素，从而对曲线类别进行划分。布罗德本特和赞博尼（Broadbent 和 Zavodni）[11]依据结构面产状和不连续强度划分三种矿山岩质边坡的变形破坏模式，并给出相应的特征位移-时间曲线，即递减/累退（regressive）、渐进（progressive）和过渡（transitional）。曾裕平[12]根据实例的监测资料将位移曲线形态划分为直线型、曲线型、阶跃型、平稳型、回落型和收敛型六大类，并给出各类曲线大致对应的滑坡演化阶段，如直线型对应等速变形阶段。卡西尼（Cascini）等[13]将位移-时间曲线细分为更小的片段，即线性趋势型、凸形趋势型和凹形趋势型，而长期监测的位移曲线可视为三者在时间顺序上的组合。位移-时间曲线的直观特征为滑坡演化阶段辨识提供了简洁的方法，在实际应用中具有重要的价值。

由于受多种因素和参数的影响，滑坡演化规律是非常复杂的。因此，若想科学地、较为准确地对滑坡灾害进行预警预报，必须对滑坡演化过程和变形破坏机制进行研究，并辨识滑坡所处的演化阶段。位移是滑坡监测中最常用的观测变量，可以直观地反映滑坡的变形大小、变形快慢、松弛范围、发展趋势及斜坡对外界触发因素的响应特征。本章在搜集大量滑坡案例和监测资料的基础上，结合已有学者的研究成果，对滑坡位移-时间曲线和累积位移-深度曲线形态开展研究，提出新的分类系统，从而为滑坡演化阶段辨识和变形特征分析提供基础。

表 5-1 国内外学者提出的滑坡位移-时间曲线形态分类系统汇总表

提出者	位移-时间曲线形态分类
布罗德本特和赞博尼（Broadbent 和 Zavodni）[11]	递减（累退）、渐进、过渡
孙玉科[14]	减速-匀速型、匀速-增速型、减速-匀速-增速型、复合型
苏利文（Sullivan）[15]	递减（累退）、渐进、过渡、黏滑
苏利文（Sullivan）[7]	破坏前：直线、双线性、黏滑、递减、过渡、缓慢加速、线性加速、渐进加速。破坏时：长期加速、短期加速、微小加速。破坏后：高速破坏、中等速度、减速
许强等[16]	渐变型、突变型、稳定型、光滑型、震荡型、阶跃型
曾裕平[12]	平稳型、直线型、曲线型、阶跃型、回落型、收敛型
李远耀[17]	稳定型、匀速型、减加速型、加加速型、回落型、复合阶跃型
乔建平[18]	A 型阶梯状上升型、B 型阶梯状上升型、C 型缓慢上升型、D 型快速变形破坏型
汤罗圣[19]	稳定型、匀速型、收敛型、加速型、回落型、阶跃型
华国辉[20]	平稳型、递增型、递减型曲线、稳定型、多阶梯状、生长型、周期型、混合型
卡西尼（Cascini）[13]	线性趋势型、凸形趋势型、凹形趋势型
帕罗努齐等（Paronuzzi）[21]	脆性、延性、脆-延性
马俊伟[22]	平稳型、直线型、曲线型、阶跃型、回落型、收敛型、波动型、混合型
傅鹏辉[23]	等速型、加速型、减速型、回落型、台阶型

续表

提出者	位移-时间曲线形态分类
亓星[24]	渐变型、突发型、阶梯型、回落型
苗发盛（Miao）等[25]	稳定型、指数型、阶跃型、收敛型
杨背背[26]	匀速型、加速型、减速型、回落型、阶跃型、震荡型
何朝阳[27]	初始变形阶段：平稳型。匀速变形阶段：稳定型、震荡型。变形阶段：递增型、指数型、突变型
郭璐[28]	稳定型、匀速型、平台型、发散型、倒V型和台阶型
杜涵（Du）等[29]	稳定型、指数型、阶跃型、收敛型、震荡型
胡新丽（Hu）等[30]	Verhulst函数曲线型、Verhulst反函数曲线型、收敛型、稳定型、指数型
喻小[31]	收敛型、平稳型、上凹型、阶梯震荡型
刘传正[32]	缓变趋稳型、阶跃演进型、失稳突发型

5.2 典型滑坡三阶段演化特征

滑坡从初始孕育变形到最终发生破坏，通常会经历较长的时空演化过程。典型滑坡变形破坏过程可以采用三阶段蠕变曲线进行描述[1],[2],[12],[16],[33]，即初始变形阶段、等速变形阶段及加速变形阶段。图 5-1 为典型位移-时间曲线以及对应的应力-应变曲线。图 5-2 为滑坡变形破坏的空间演化过程示意图。

（1）初始变形阶段（OA）：斜坡在长期的地质营力或外部加载的作用下，形貌发生改变（如坡度变得陡倾），岩土材料性能劣化，稳定性不断降低。当斜坡受到诸如强降雨、地震等较强外界因素触发并超出原有承受能力时（图 5-2a），斜坡变形会在较短时间内出现激增而形成一个加速脉冲，位移显著增加，微裂纹萌生扩展，局部出现开裂（图 5-2b）。随着外界因素触发作用的衰减或解除，变形减速，位移曲线逐渐变得平缓，表现出黏弹性特征。

（2）等速变形阶段（AC）：微裂纹进一步扩展并不断增加，裂缝逐渐沿软弱结构面延伸，潜在滑动面逐渐形成，局部可能会出现小型垮塌（图 5-2c）。这一阶段，坡体的应力进行重分布，并不断向潜在滑动面集中，应力强度逐步提高，滑动面区域的岩土材料进一步劣化。这一阶段滑坡的变形速度近似保持恒定，通常会持续较长的时间。

（3）加速变形阶段（CF）：滑动面微裂纹密度激烈增加，裂隙不断扩张而相互连接，滑动面逐渐贯通，地表裂缝圈闭，变形速度呈幂函数形式增长，直至发生破坏（图 5-2d,e）。

加速变形阶段可细分初始加速（CD）、中等加速（DE）和临界加速（EF）三个变形阶段。初始加速变形阶段为滑坡变形加速的起始时期，滑动面的应力强度逐渐增加至峰值。中等加速变形阶段对应应变软化阶段，此时滑动面基本贯通，变形速度进一步增加。临界加速变形阶段处于残余强度阶段，变形速度急剧增加，位移曲线呈陡立形态，最终发生整体破坏。

大多数情况下，滑坡的位移很少完全依照三阶段蠕变位移-时间曲线的模式发展。其一，滑坡的演化过程具有复杂性、非线性、不确定、随机性和多样性等特征，导致位移-时间曲线形状各异。其二，监测活动的开展往往始于发现变形之后，而此时坡体可能已经累积了一定量级的位移量，因而监测位移无法捕捉到滑坡完整的演化阶段。因此，将滑坡演化过程简单划分为三个阶段是不够的。为了更好地辨识滑坡演化阶段，应对位移曲线特征进行更系统的研究。

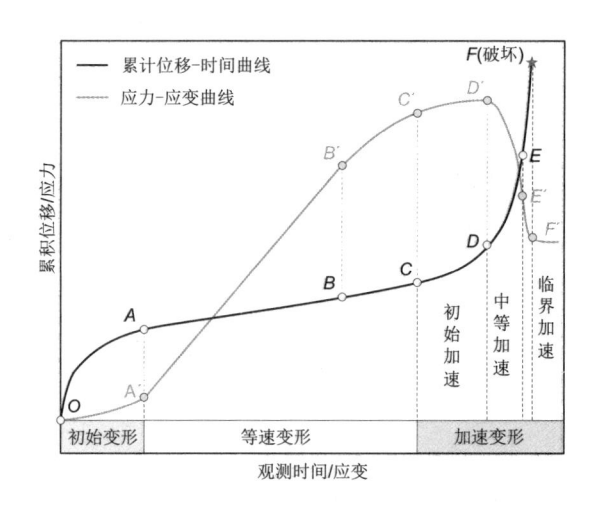

图 5-1 典型滑坡变形破坏的位移和应力－应变状态演化过程

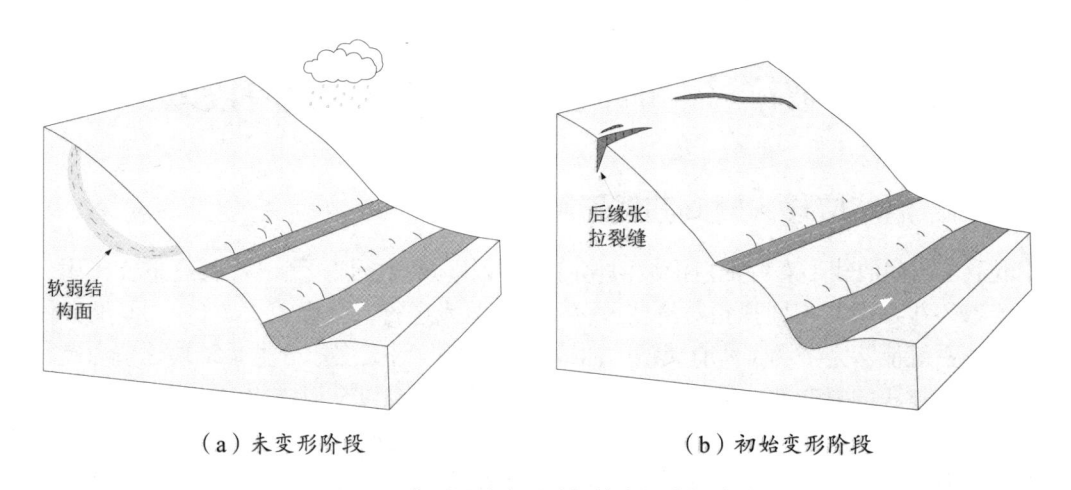

（a）未变形阶段　　　　　　　（b）初始变形阶段

图 5-2 典型滑坡变形破坏的空间演化过程

（c）等速变形阶段　　　　　　　　　（d）加速变形阶段

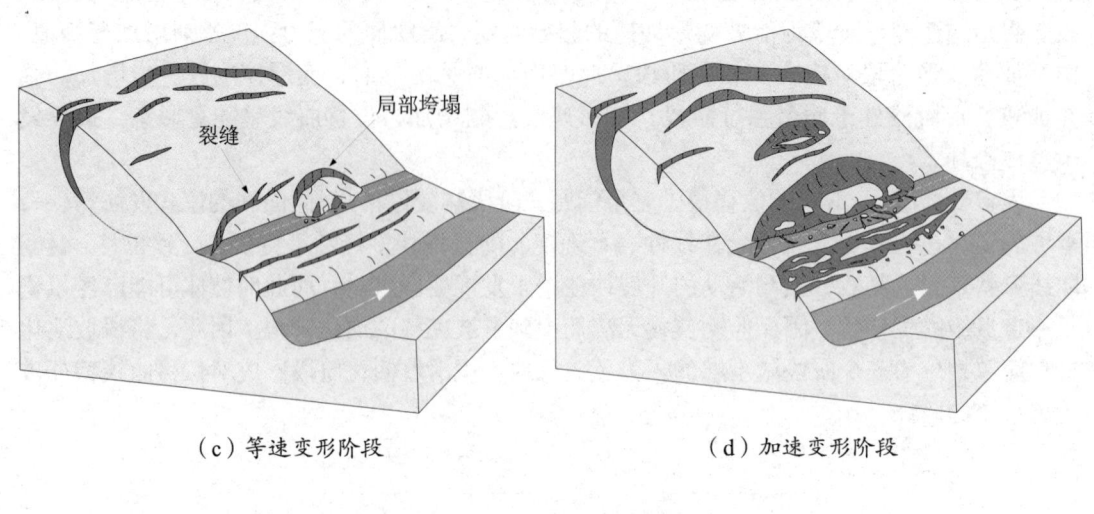

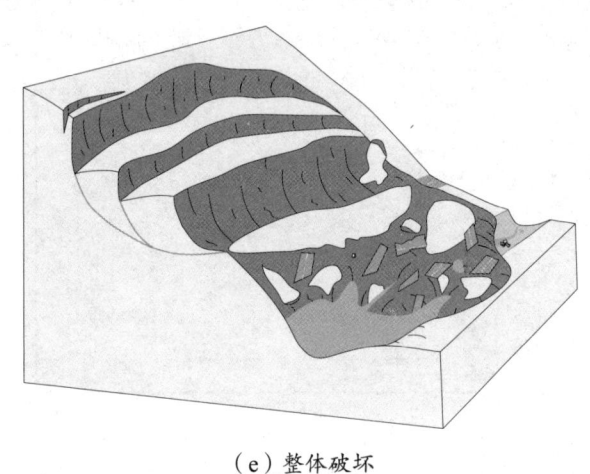

（e）整体破坏

图 5-2　典型滑坡变形破坏的空间演化过程（续图）

5.3　滑坡位移 – 时间曲线分类与演化阶段划分

5.3.1　滑坡位移 – 时间曲线形态分类

位移 - 时间曲线形态特征对滑坡演化阶段辨识以及预警预报等方面具有重要作用。虽然已经有不少学者从不同视角对滑坡位移 - 时间曲线进行了分类（表 5-1），但没有任何一个分类系统能够完全涵盖所有典型的曲线形态类型，且大多数分类系统缺乏系统性。由于滑坡演化过程的复杂性，单一、简单的分类方法显然难以全面描述位移 - 时间曲线形态以及所反映的变形演化特征。为此，本研究在搜集大量实例和监测资料的基础上，结合已有学者的研究成果，综合考虑滑坡位移 - 时间曲线的几何形态、变形破坏机制及动态发展趋势，提出一个综合的分类系统（图 5-3）。

本书将位移-时间曲线形态分为六大类型，分别为失稳型、阶跃型、趋缓型、直线型、波动型和回落型。此外，每个大类下细分若干子类，共计二十个子类。

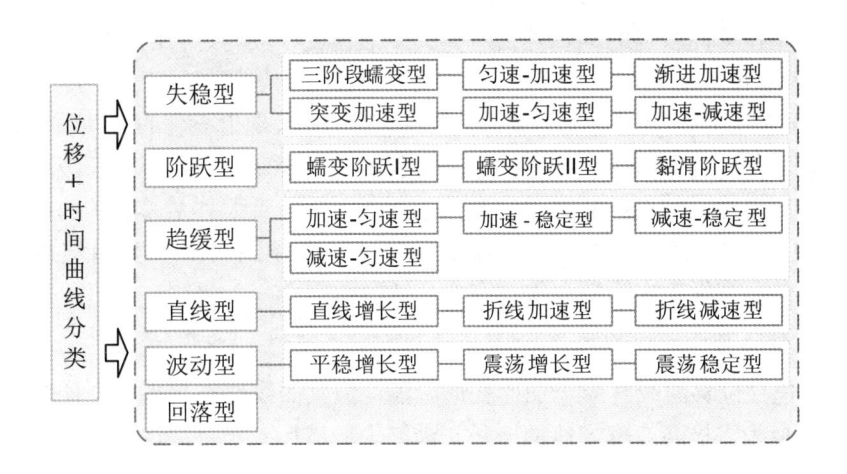

图 5-3 位移-时间曲线分类系统

5.3.1.1 失稳型

失稳型位移-时间曲线整体表现为位移量持续增加，破坏前出现变形速度以幂函数形式递增的阶段，滑坡最终发生不可逆转的失稳破坏。根据破坏案例及监测资料的分析，失稳型位移-时间曲线形态大致可细分为三阶段蠕变型、匀速-加速型、渐进加速型、突变加速型、加速-匀速型和加速-减速型六种类型，如表 5-2 所示，s、v、a 分别为位移、速度和加速度。

1. 三阶段蠕变型

三阶段蠕变型位移曲线形态属于最为理想化的位移曲线形态，曲线呈倒"S"形，历经初始变形、等速变形和加速变形三个完整的蠕变变形阶段。此类位移模式通常出现在松散土质滑坡以及滑动条件较差、时效特征明显的岩质滑坡中[16]，并且坡体在演化过程中没有受季节性或偶然性触发因素的影响或对它们敏感性较低，主要在自重或恒定外荷载作用下变形发展。

2. 匀速-加速型

匀速-加速型位移曲线只包括等速变形至加速变形两个阶段的位移曲线形态。此类位移曲线一般出现于一些本身已经处于欠稳定状态的滑坡中。在遭受外界因素的扰动时，斜坡的变形和应变能不断累积，最终发生失稳破坏，总体而言是一个渐进破坏过程。另外，监测活动一般是从发现宏观变形开始，因此可能会出现没有捕捉到初始变形阶段位移特征的情形。

3. 渐进加速型

渐进加速型位移曲线形态对应加速变形阶段的位移曲线，变形速度呈幂函数形式持续递增，直至失稳破坏，多由强降雨、爆破、开挖等扰动强度较高的外界因素触发。由于滑坡变形的动能较大且持续倍增，渐进加速型位移曲线的持续时间通常不会太长久，多为数天至一年左右，例如黄龙西村滑坡加速变形阶段历时只有5天[34]。

4. 突变加速型

突变加速型位移曲线与时间轴近似垂直，变形速度在极为短暂的时间内激增，直至失稳破坏。这类位移模式常见于质地坚硬、结构面发育良好的岩质斜坡以及一些小型滑坡或崩塌中，在没有显著前兆变形的情况下坡体突然加速启动，表现出显著的脆性破坏特征[35],[36]。强烈的外界扰动是诱发失稳破坏的直接原因。斜坡从出现变形迹象至失稳破坏历时极短，通常只有数小时至数天，有的甚至只持续数分钟。例如，意大利某露天矿的数个破坏事件中，破坏前的加速变形阶段历时为1.5至22小时[36]；四川茅坝采石场滑坡从局部开始出现小型崩塌和落石到发生灾难性事件只有5分钟左右[16]。

5. 加速-匀速型

加速-匀速型位移曲线对应于加速变形阶段，但其曲线形态表现为先加速递增，而后在临滑阶段转换为以极高速率匀速的增长，最终失稳破坏，与持续加速至最终破坏的典型演化过程存在差异。在矿山边坡中，这类破坏模式被苏利文（Sullivan）[7]称为"液化型破坏（liquefaction type failures）"。苏利文（Sullivan）认为加速停止时斜坡已经发生功能性破坏，高速匀速变形阶段属于破坏后的变形特征，控制运动和工程原理的机制发生改变，即由岩石力学问题转换为流体力学问题。

6. 加速-减速型

加速-减速型也属于一类非典型的破坏模式，其曲线形态表现为先加速递增，而后在破坏前出现明显的减速。变形出现减速行为可能会给人以变形将恢复稳定的错觉。近年，一些学者开始重视对此类破坏模式尤其是在预警预报方面的研究[37]-[39]。同加速-匀速型位移曲线类似，加速变形阶段的结束意味着斜坡已经发生功能性破坏。此类破坏模式多见于小型的岩质滑坡、滑塌或者低滑动倾角的滑坡中。

表 5-2 失稳型位移-时间曲线形态

类型	曲线形态	曲线特征	典型案例
三阶段蠕变型		曲线形态呈倒"S"形，常见于在松散土质滑坡以及滑动条件较差、时效特征明显的岩质滑坡中，且无外界触发因素的影响或对它们敏感性较低，主要在自重或恒定荷载作用下变形发展	鸡鸣寺滑坡[16]

续表

类型	曲线形态	曲线特征	典型案例
匀速－加速型		位移-时间曲线只记录到等速变形至加速变形阶段的演化过程。此类模式多见于一些本身已处于欠稳定状态的滑坡中，在遭受外界因素作用后，变形渐进发展。此外，由于监测活动滞后，初始变形阶段的位移未被捕捉到也是另一个重要原因	平庄西露天煤矿滑坡[40]
渐进加速型		曲线形态为一光滑的凹形曲线，速度呈幂函数形式递增，对应加速变形阶段。此类变形模式多由强降雨、爆破、开挖等扰动强度较高的外界因素触发。持续时间多为数天至一年左右	黄龙西村滑坡[34]
突变加速型		曲线与时间轴近似垂直，变形速度突变增长，直至失稳破坏。此类模式常见于质地坚硬、结构面发育良好的岩质斜坡以及一些小型滑坡或崩塌中，变形具有显著的脆性破坏特征。滑坡从出现变形迹象至失稳破坏历时极短，通常只有数天甚至数分钟	黑方台滑坡[27]
加速－匀速型		曲线形态先表现为加速递增，而后在临滑阶段转换为以极高速率匀速增长，最终失稳破坏。Sullivan（苏利文2007）[7]认为加速停止时斜坡已经发生功能性破坏，高速匀速变形阶段属于灾后变形行为	滑坡3[37]

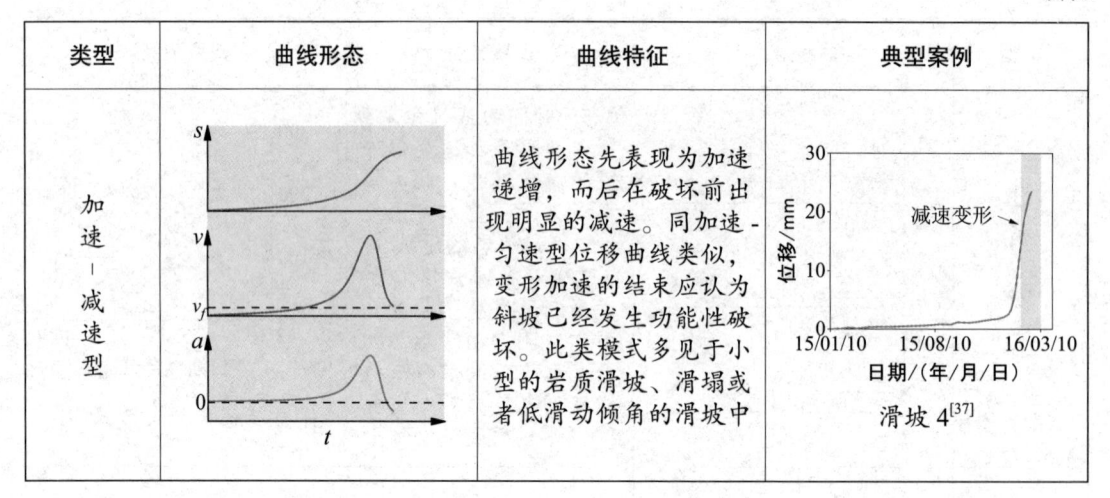

续表

类型	曲线形态	曲线特征	典型案例
加速 - 减速型		曲线形态先表现为加速递增，而后在破坏前出现明显的减速。同加速 - 匀速型位移曲线类似，变形加速的结束应认为斜坡已经发生功能性破坏。此类模式多见于小型的岩质滑坡、滑塌或者低滑动倾角的滑坡中	滑坡 4[37]

5.3.1.2 阶跃型

阶跃型位移 - 时间曲线整体表现为加速和减速交替发展，速度呈周期性变化，位移随时间累加，曲线形态为台阶状。这类滑坡变形模式多与周期性或季节性的外界触发因素相关，例如库水位周期性调度、季节性降雨、分级开挖。这种阶跃型演化趋势可持续数年甚至上百年。按变形特征和曲线几何形态，阶跃型位移 - 时间曲线可细分为蠕变阶跃Ⅰ型、蠕变阶跃Ⅱ型和黏滑阶跃型三类（表 5-3）。

1. 蠕变阶跃Ⅰ型

蠕变阶跃Ⅰ型位移 - 时间曲线的台阶呈"S"形，兼具初始变形、等速变形和加速变形三阶段的位移演化特征。滑坡只有在受到外界因素作用后才会加速发展，在其余时间缓慢发展或保持稳定。位移和外界因素触发作用具有良好的对应关系。演化持续时间较长，可达上百年之久。

2. 蠕变阶跃Ⅱ型

蠕变阶跃Ⅱ型位移 - 时间曲线在位移量显著增加的变形期间表现为减速增长，与初始变形阶段的位移曲线形态类似。这种模式多见于遭受短时强烈外界因素作用（如短时强降雨、爆破振动）以及滑动条件较差的滑坡中。例如，西班牙巴塞罗那以北 140 km 的东比利牛斯山脉的 Vallcebre 滑坡在降雨期间位移显著增大，而在干旱期变形速度趋于平缓[41]。

3. 黏滑阶跃型

黏滑阶跃型位移 - 时间曲线主要特征为位移以突变形式发生阶跃，在极短时间内发生极大位移滑动，阶跃期的位移曲线与时间轴近似垂直，而在其他时期变形速度近似为 0。这类模式多见于质地坚硬、具有脆性破坏特征的岩质斜坡中。薛雷等[42]采用"锁固型斜坡"理论解释这类滑坡的破坏模式，该观点认为潜在滑动面存在类似于岩桥、支撑拱的结构并承受应力集中的高强度地质体（即锁固段）中，控制着斜坡的稳定性。锁固段在滑坡长期演化中累积大量的应变能，在突发脆性断裂时释放巨大的动能，使得坡体突然高速启动，位移曲线呈现出台阶状。

虽然本研究将阶跃型位移曲线大致分为三类，但真实滑坡的位移曲线演化形态更为复杂。首先，滑坡在长期的变形演化过程中，遭受触发因素的种类、强度、持续时间均可能发生变化，坡体材料的物理力学性质在外界因素的反复作用下也会发生改变，因此曲线形态也有可能是上述三种位移模式的叠加。其次，这种阶跃型曲线形态不可能以类似趋势一直持续下去。一种情况是滑坡逐渐趋于稳定，对外界触发因素的敏感性降低，台阶高度不断降低，直至消失。另一种情况是变形的持续累积会劣化岩土体材料的强度，曲线台阶高度不断提升，缓变期（即恢复平稳变形的时期）缩短，最终发生失稳破坏，例如利比大坝岩质滑坡[43]。

表 5-3　阶跃型位移 - 时间曲线形态

类型	曲线形态	曲线特征	典型案例
蠕变阶跃Ⅰ型		曲线的台阶呈"S"形，兼具初始变形、等速变形和加速变形三阶段的位移演化特征。坡体只有在受到外界因素作用后才会加速发展，在其余时间缓慢发展或保持稳定。演化持续时间很长，可达上百年之久	树坪滑坡[44]
蠕变阶跃Ⅱ型		位移曲线在位移量显著增加的变形期间表现为位移减速增长，与初始变形阶段的位移曲线形态类似。此模式多见于遭受短时强烈外界因素作用以及滑动条件较差的滑坡中	Vallcebre 滑坡[41]
黏滑阶跃型		位移曲线以突变形式发生阶跃，极短时间内发生极大位移滑动，阶跃期位移曲线与时间轴近似垂直，而在其他时期变形速度近似为 0。此模式多见于质地坚硬、具有脆性破坏特征的岩质滑坡中	利比大坝岩质滑坡[43]

5.3.1.3 趋缓型

趋缓型位移-时间曲线形态主要分为位移显著增加和平缓发展两个阶段。位移显著增加阶段具有初始变形或加速变形阶段的演化特征，在较短时间内累积较大的位移量，主要由外界因素触发作用引起。平缓发展阶段对应匀速变形阶段，由于外界因素触发作用减弱或解除，或者人为干预的情况下，变形趋于平缓或稳定，位移曲线趋于收敛或近似为直线。趋缓型位移-时间曲线只代表滑坡当前处于暂时稳定或缓慢变形状态，在未来依然有可能复活或失稳破坏。趋缓型位移-时间曲线可细分为加速-匀速型、加速-稳定型、减速-稳定型和减速-匀速型四类（表5-4）。

1. 加速-匀速型

加速-匀速型曲线形态表现为初始阶段位移渐进加速，而后减速发展，最后以近似匀速的状态缓慢发展，位移曲线呈"S"形。以 La Clapière 滑坡为例[45]，该滑坡位于南阿尔卑斯山，法国尼斯以北80 km 的 Tinée 河左岸，变形历史超过3000年，总面积约1.2 km²，体积约5000万 m³。监测数据显示（表5-4），滑坡在1988年之前处于加速变形状态，而后变形速度出现衰减，1989年之后基本处于匀速变形状态。

2. 加速-稳定型

加速-稳定型曲线形态表现为初始阶段位移渐进加速，而后减速发展，最后恢复稳定状态，变形速度近乎为0，位移曲线呈反"Z"形。这种模式主要由两个原因造成：一是坡体本身具有良好的稳定性，外界触发作用强度较低且很快被消除，滑坡恢复稳定状态；二是对滑坡实施了有效的处置措施，抑制变形的发展。以龙家岩滑坡为例[47]，该滑坡位于贵州省沿德高速公路旁的龙家岩村。受工程施工的切脚开挖以及雨季连续降雨的影响，造成斜坡出现显著变形。实施反压回填以及强支挡措施后，位移收敛，桩顶变形速度趋近于0。

3. 减速-匀速型

减速-匀速型曲线形态分为位移显著增加的减速变形阶段和缓慢匀速变形阶段，对应初始变形和等速变形阶段。这类模式通常见于高含水率、坡度较缓的软土斜坡以及侧向扩离型滑坡之中[16]，变形演化可长达上百年甚至更久。以华盛顿公园滑坡为例[48]，该滑坡位于美国俄勒冈州波特兰市西部的中西山，组成成分主要为红黏土，在1894年修建两座水库期间开始出现滑动。截至1993年，该滑坡已经保持减速-稳定型位移模式近100年。

4. 减速-稳定型

减速-匀速型曲线形态为初始时期在遭受强烈触发作用出现显著位移增加，而后位移曲线快速收敛，恢复稳定状态，与初始变形阶段对应。这类模式多见于稳定性良好且遭受短时、强烈触发因素作用的滑坡之中。滑坡在实施紧急的处置措施之后也会出现类似的变形特征。以意大利的蒙塔古托滑坡[45]为例，由于连续数天的强降雨，滑坡启动，在实施排水等干预措施后，变形速率降至0。

表 5-4 趋缓型位移 - 时间曲线形态

类型	曲线形态	曲线特征	典型案例
加速－匀速型		加速 - 匀速型曲线形态表现为初始阶段位移渐进加速，而后减速发展，最后以近似匀速的状态缓慢发展，位移曲线呈"S"形。	La Clapière 滑坡[45]
加速－稳定型		曲线形态表现为初始阶段位移渐进加速，而后减速发展，最后恢复稳定状态，变形速度近乎为 0，位移曲线呈反"Z"形	龙家岩滑坡[47]
减速－匀速型		曲线形态分为位移显著增加的减速变形阶段和缓慢匀速变形阶段，与三阶段蠕变曲线的初始变形和等速变形阶段的变形特征对应	华盛顿公园滑坡[48]
减速－稳定型		曲线形态表现为初始时期在遭受强烈触发作用出现显著位移增加，而后位移曲线快速收敛，最后恢复稳定状态，与三阶段蠕变曲线的初始变形阶段对应	蒙塔古托滑坡[45]

5.3.1.4 直线型

直线型位移-时间曲线形态近似呈直线，可细分为直线增长型、折线加速型和折线减速型（表5-5）。

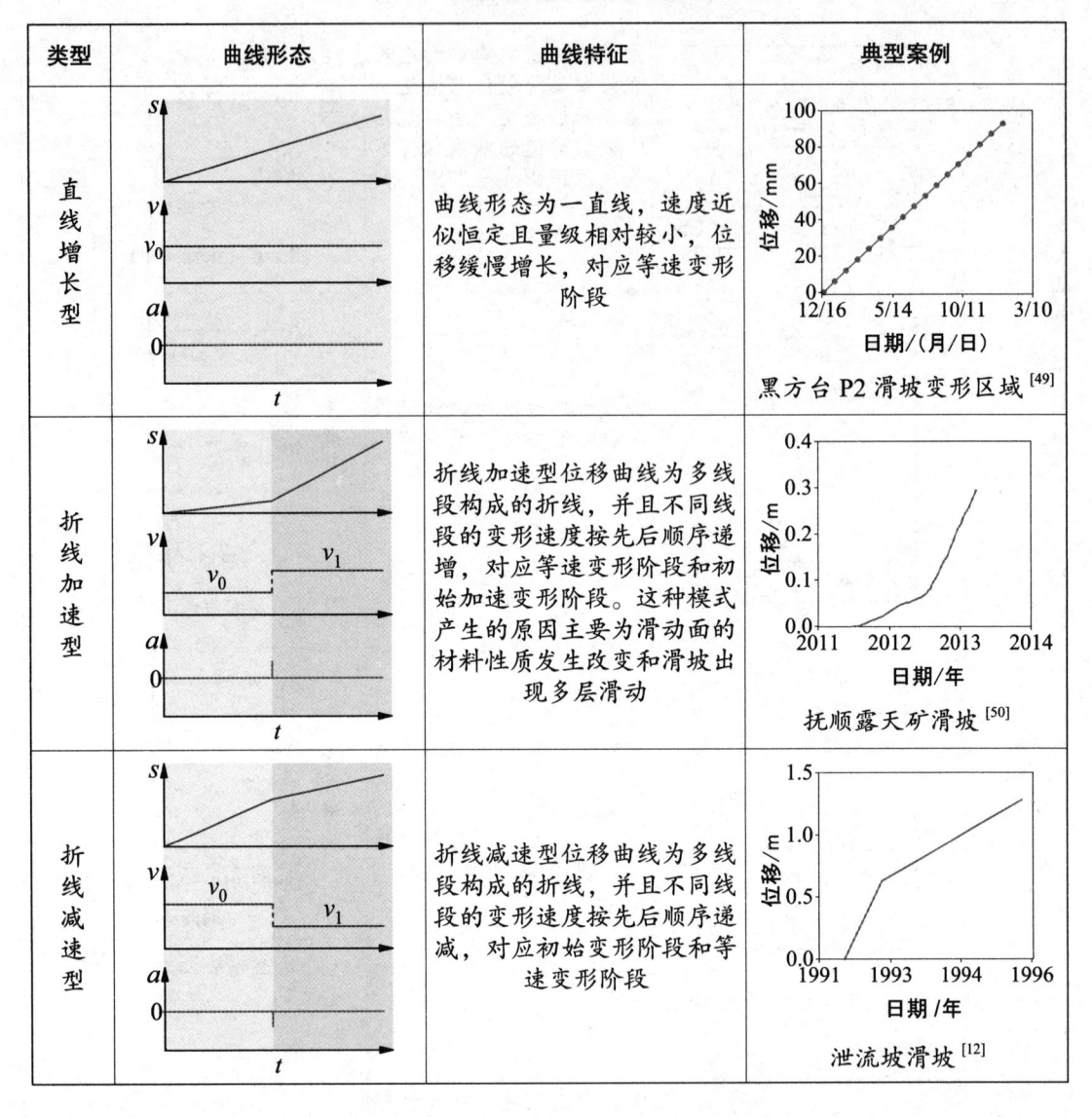

表5-5 直线型位移-时间曲线形态

类型	曲线形态	曲线特征	典型案例
直线增长型		曲线形态为一直线，速度近似恒定且量级相对较小，位移缓慢增长，对应等速变形阶段	黑方台P2滑坡变形区域[49]
折线加速型		折线加速型位移曲线为多线段构成的折线，并且不同线段的变形速度按先后顺序递增，对应等速变形阶段和初始加速变形阶段。这种模式产生的原因主要为滑动面的材料性质发生改变和滑坡出现多层滑动	抚顺露天矿滑坡[50]
折线减速型		折线减速型位移曲线为多线段构成的折线，并且不同线段的变形速度按先后顺序递减，对应初始变形阶段和等速变形阶段	泄流坡滑坡[12]

1. 直线增长型

直线增长型位移曲线的形态为一直线，速度近似恒定且量级相对较小，位移缓慢增长，对应等速变形阶段。这种模式常见于长期蠕变、滑动面平直光滑的滑坡，并且滑坡对外界因素作用的敏感性低。例如，甘肃省黑方台某黄土滑坡自2015年12月至2017年1月的变形基本处于匀速变形状态，每日变形速度约为0.24 mm/d[49]。

2. 折线加速型

折线加速型位移曲线为多线段构成的折线，并且不同线段的变形速度按先后顺序递增，对应等速变形阶段和初始加速变形阶段。这种模式产生的原因主要为滑动面的材料性质发生改变（如降雨入渗造成岩土体强度软化）以及滑坡可能出现多层滑动。值得注意的是，这类位移模式很容易转化成失稳模式。例如，甘肃黑方台陈家6号滑坡[49]在2017年5月之前近似以0.2 mm/d的速度缓慢滑动，而后转换成以近10.0 mm/d的恒定速度高速滑动，最终发生突变加速而失稳破坏（图5-4）。

3. 折线减速型

折线减速型位移曲线同样为多线段构成的折线，但不同线段的变形速度按先后顺序递减，对应初始变形阶段和等速变形阶段。总体而言，这是一种趋于平稳的变形模式。以泄流坡滑坡为例[12]，该滑坡为一典型的推移式滑坡，前缘为锁固段，坡体下部受到挤压而发生变形。由于锁固段对坡体变形的抑制作用，下部坡体位移-时间曲线表现出折线减速特征。

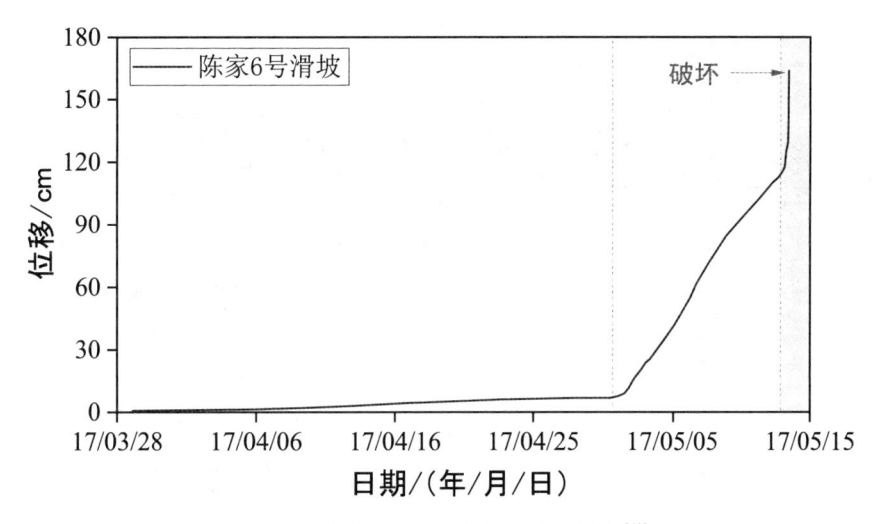

图 5-4 陈家6号滑坡位移-时间曲线[49]

5.3.1.5 波动型

波动型位移-时间曲线由于不定期受外界因素的干扰以及变形监测等带来的误差呈现出波动的变形趋势。根据发展趋势和波动状态，波动型位移曲线可分为平稳增长型、震荡增长型和震荡稳定型（表5-6）。

1. 平稳增长型

平稳增长型位移曲线表现为不定期地加速、减速和匀速交替变化，无明显周期性和突变性，整体呈波动向上增加趋势。以黄土坡滑坡Ⅰ号滑坡体为例[52]，该滑坡岩性主要为泥岩和粉砂质泥岩，岩层上软下硬，厚约为60～80 m，体积约为2 250万 m³。滑坡受到库水和降雨的作用，位移随时间缓慢增加，虽偶有出现位移显著增加或加速的情况，但位移增量并不大，且无明显突变加速和阶跃变形行为。

2. 震荡增长型

震荡增长型位移曲线表现出起伏波动的震荡特征，具有较大振动幅度，变形增加和回弹交替出现，速度具有一定突变性，但总体呈增长趋势。这种模式的位移量相对较小，变形具有一定弹性特征，滑坡处于相对平稳的发展阶段。

3. 震荡稳定型

震荡稳定型位移曲线在某一较小位移值上下震荡，位移时间序列近似为随机过程，与监测误差、环境的微小扰动相关，变形基本处于稳定状态。此外，受温度、地下水位升降等周期性因素的影响，位移也会出现周期性变化的情况。例如，李家峡左岸高边坡的变形由于温度、水压的周期性作用呈现出类似正（余）弦函数曲线的周期性变化特征，位移均值约为0[53]。

表5-6 波动型位移-时间曲线形态

类型	曲线形态	曲线特在	典型案例
平稳增长型		曲线形态表现为不定期地加速、减速和匀速交替变化，无明显周期性和突变性，整体呈波动向上增加趋势	黄土坡滑坡临江Ⅰ号滑坡体[52]
震荡增长型		曲线形态表现出起伏波动的震荡特征，具有较大振动幅度，变形增加和回弹交替出现，速度具有一定突变性，但总体呈增长趋势。这种模式的位移量相对较小，滑坡处于相对平稳的发展阶段	黄土坡滑坡临江Ⅱ号崩塌体[52]
震荡稳定型		位移曲线在某一较小位移值上下震荡，与监测误差、环境的微小扰动相关，变形基本处于稳定状态	巫山龙头山滑坡[50]

5.3.1.6 回落型

回落型位移-时间曲线先表现为位移随时间不断增长，而后到某一阶段位移发生减小（表5-7）。这种略显奇特的位移曲线一般出现于如下两种情况：①滑动面呈圆弧状，斜坡发生旋转滑动导致后缘拉裂缝出现受压闭合，如洒勒山滑坡[54]；②对坡体实施如堆载反压等处置措施，强制使变形回落，丹巴县城滑坡的位移模式即属于此类[55]。

表 5-7 回落型位移-时间曲线形态

类型	曲线形态	曲线特征	典型案例
回落型		位移先表现为随时间不断增长，而后到某一阶段位移发生减小，常出现于如下两种情况：①滑动面呈圆弧状，斜坡发生旋转滑动导致后缘拉裂缝出现受压闭合；②对坡体实施如堆载反压等处置措施，强制使变形回落	洒勒山滑坡[53]

5.3.2 滑坡位移-时间曲线演化阶段划分

前面总结了二十类滑坡位移-时间曲线，并对它们的变形特征进行了分析。滑坡位移-时间曲线形态并不是一成不变的，随演化阶段的不同而发生变化，在一定程度上可相互转化。从宏观上看，分类系统中位移-时间曲线仍可采用三阶段演化模式的框架进行描述。本书将一些常见位移-时间曲线的完整形态或片段嵌入三阶段演化模式框架内（图5-5），并增加了变形稳定阶段，因此依据滑坡位移-时间曲线形态，滑坡演化可划分为四个阶段：初始变形阶段、等速变形阶段（或称平稳发展阶段）、加速变形阶段（或称失稳破坏阶段）和变形稳定阶段。

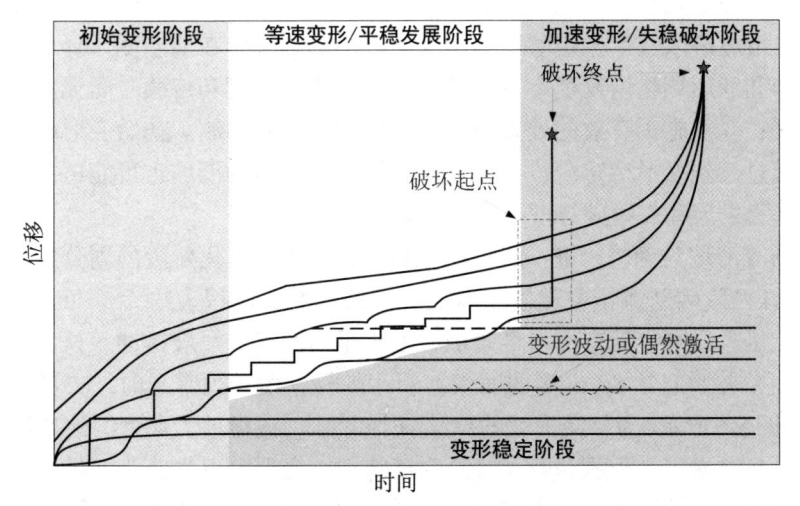

图 5-5 滑坡常见位移-时间曲线与演化阶段划分

5.3.2.1 初始变形阶段

这一阶段为斜坡出现变形的初始阶段，坡体由于长期风化导致自身材料强度下降或者遭受外界触发因素作用而出现显著变形，变形由无至有，在相对较短的时间段内累积较大的位移量。斜坡在这一阶段发挥自身的负反馈作用，不断调整自身的应力状态，通过向外变形或局部小崩小落等形式，使坡体沿着恢复稳定的方向发展。从位移-时间曲线上看，位移出现较大幅度增加，但变形速度整体呈递减趋势，曲线形态整体呈凸型，发生破坏的可能性较低。

5.3.2.2 平稳发展阶段

经过初始变形阶段的变形调整后，斜坡变形趋于平稳。刘传正[32]指出，这一阶段变形行为出现的原因为滑动带的强度下降或无法恢复初始状态，以及滑动面的有效应力没有再达到初始变形阶段的激发状态。在一些情况下，变形速度近似为恒定，速度只有不定期的小幅度波动，或者出现阶段性调整但量值差异较小，斜坡变形整体缓慢发展，例如直线型位移-时间曲线。在另外一些情况，如阶跃型位移-时间曲线，虽然位移呈加速-减速周期性交替发展，但每个"台阶"的高度相对较低，且随时间推移降低或趋于平稳，每个"台阶"的平均变形速度相对较小。总体上，平稳发展阶段的位移-时间曲线宏观上近似为直线，但不同时段的位移片段在多种内外因素作用下可能会出现偏移直线趋势的情形。

5.3.2.3 失稳破坏阶段

随着变形的进一步发展，抗剪强度不断下降，滑动面完全贯通，滑坡边界圈闭，斜坡很难保持自身的稳定状态。在没有或低强度外界因素作用下，滑坡体也会出现自加速行为，位移以幂函数形式快速增长，最终发生不可逆转的失稳破坏。失稳破坏方式包括渐进加速和突变加速两种方式，前者代表滑坡具有延性或脆-延性破坏特征，后者代表滑坡具有脆性破坏特征。

5.3.2.4 变形稳定阶段

变形稳定阶段的位移和平均速度近似为 0，速度可能偶尔出现震荡的情况，但基本处于稳定状态。滑坡进入变形稳定阶段的主要原因：①滑坡体在前期变形释放应变能后，通过应力重分布和变形调整恢复稳定；②外界触发作用的强度和持续时间无法再次达到使滑坡启动的水平；③实施了有效的处置措施后变形发展受到抑制。初始变形阶段和平稳发展阶段可以直接过渡到变形稳定阶段，而处于变形稳定阶段的滑坡也可能再次被激活，进入初始变形、平稳发展和失稳破坏三个变形阶段。

下面以新滩滑坡为例[4]，进一步说明位移-时间曲线演化阶段的划分方法。1985 年 6 月 12 日，长江西陵峡新滩镇突然发生滑坡，滑坡体的总体积大约为 3 000 万 m³。新滩镇基本被摧毁殆尽，只剩小镇东面小半条街以及少量居民房。滑坡体冲入长江内，壅堵约三分之一的江面，并激起约 80 m 高的涌浪。所幸的是，由于预警及时，人员及时疏散，无一人伤亡。如图 5-6 所示，为新滩滑坡的位移-时间曲线。该滑坡为典型的蠕变阶跃 I 型滑坡，位移呈台阶状形式发展。根据位移-时间曲线特征，变形可以划分为初始变形（1978 年 1 月—1979 年 11 月）、平稳发展（1979 年 11 月—1982 年 7 月）和失稳破坏（1982 年 7 月—

1985年6月）三个变形阶段。在初始变形阶段，变形先缓慢发展，然后在1979年8月突然出现一个较高的台阶。平稳发展阶段虽然也出现了一个小台阶，但变形总体平稳发展，平均变形速度约为0.6 mm/d。1982年7月之后，滑坡进入失稳破坏阶段，位移-时间曲线的台阶高度不断抬升，并且缓变期随台阶数的增加而逐步缩短，最终发生整体滑动，滑坡体冲入江内。

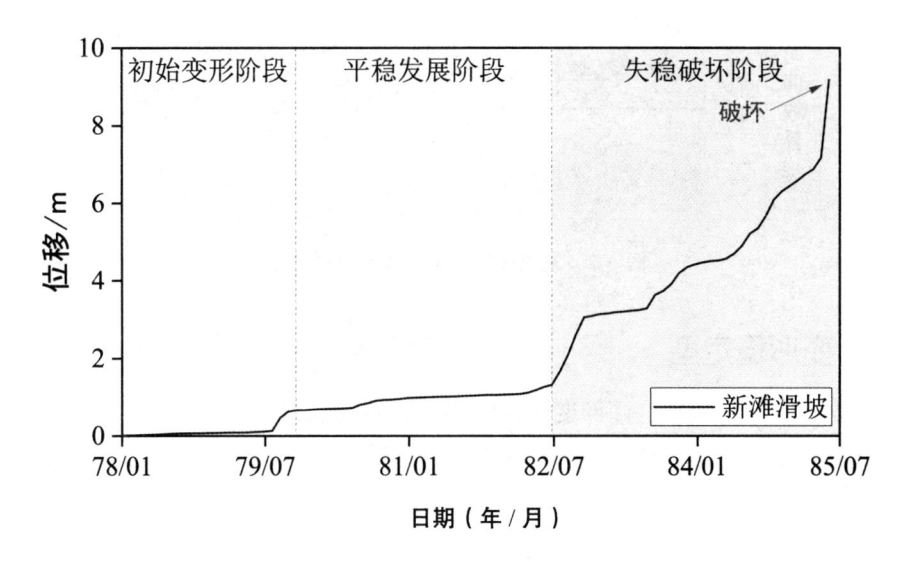

图5-6 新滩滑坡位移-时间曲线与演化阶段划分[4]

5.4 累积位移-深度曲线形态分类

累积位移-深度曲线广泛应用于识别或预测滑动面（带）位置、估算潜在失稳坡体的厚度、追踪滑动面（带）的演化过程，以及辨识滑坡的稳定性[55]-[57]。靳晓光等[57]根据曲线的几何形态将累积位移-深度曲线分为"B""D""r""V""钟摆"和"复合"等六种类型。帕罗努齐（Paronuzzi）等[21]按滑坡体的厚度以及延脆性力学特征进行分类。刘磊[59]按滑动变形行为和滑动面深度将曲线形态分为整体蠕变型、深层滑动型、浅层滑动型等五类。这些分类方法主要依据曲线的几何形态、力学行为和滑动面特征等因素进行划分。

滑坡演化是一个动态过程，累积位移-深度曲线形态不是一成不变的，而是与所处演化阶段相关。因此，累积位移-深度曲线的分类不仅需要考虑曲线几何形态、滑动面特征，还应关注滑坡所处的演化阶段。为此，本书在结合已有的分类系统和监测资料的基础上，并考虑不同的演化阶段，将累积位移-深度曲线形态分为变形稳定型、蠕动变形型、滑动变形型和失稳破坏型四大类以及七小类（图5-7）。

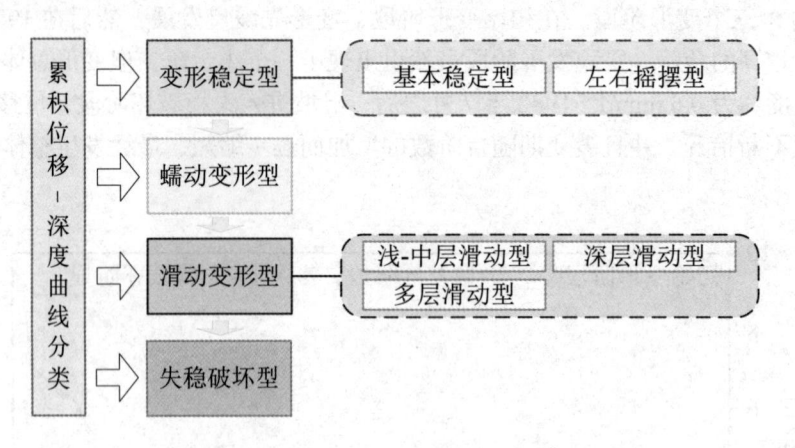

图 5-7 累积位移-深度曲线分类系统

5.4.1 变形稳定型

斜坡基本处于稳定状态，深部变形非常小，没有形成滑动面。这里将变形稳定型的累积位移-深度曲线形态细分为基本稳定型和左右摇摆型（表 5-8）。

表 5-8 稳定型累积位移-深度曲线形态

类型	曲线形态	曲线特征	典型案例
基本稳定型		位移曲线基本呈"I"形，沿深度方向只在非常小的位移范围内（±2 mm）随机波动。小幅度随机波动的主要来源于测量误差、测斜管灌浆不密实等。斜坡基本没有出现变形，处于稳定状态	杨家坝滑坡[59]
左右摇摆型		位移曲线呈"钟摆"形，在初始测量左右小幅度（±10 mm）来回摇摆。整体而言，变形相对较小，基本处于稳定状态	和平沟滑坡[57]

5.4.2 蠕动变形型

表 5-9 蠕动型累积位移-深度曲线形态

类型	曲线形态	曲线特征	典型案例
蠕动变形型	(位移-深度曲线图，位移范围-60~60mm，深度0~30m，呈倾斜直线)	位移曲线呈倾斜直线或"V"形，曲线中部无显著的位移突变情况。斜坡未形成明显的滑动面，基本处于缓慢蠕动的变形状态。随着变形发展，坡内的软弱部位（结构面、软弱夹层等）可能会逐渐形成滑动面	(榛子林滑坡实测曲线，位移-40~60mm，深度0~40m，曲线含99/08/02、99/11/25、00/03/03三条) 榛子林滑坡[57]

5.4.3 滑动变形型

位移曲线出现一处或多处的位移突变情况，位移突变附近为滑动面。潜在失稳坡体整体运动，相对于滑动的基底（或界面）呈剪切滑动状态。斜坡处于基本稳定-欠稳定状态或欠稳定状态。根据位移曲线特征和滑动面的深度，滑动变形型累积位移-深度曲线形态可分为浅-中层滑动型（深度≤20 m）、深层滑动型（深度>20 m）和多层滑动型（表5-10）。

表 5-10 滑动型累积位移-深度曲线形态

类型	曲线形态	曲线特征	典型案例
浅-中层滑动型	(位移-150~150mm，深度0~24m，深度≤20 m，呈"Γ"形台阶状曲线)	位移曲线呈"r"形（浅层，深度≤6 m）或"P"型（中层，6 m<深度≤20 m），位移曲线在浅-中层部位出现显著且唯一的位移突变，突变处以上的变形速度远大于突变处以下的变形速度，表明该部位已经形成显著的滑动面，潜在失稳坡体呈整体运动	(波尔塔·卡西亚滑坡实测，位移-120~120mm，深度0~10m，含99/04、00/01、00/12三条曲线) 波尔塔·卡西亚滑坡[60]
深层滑动型	(位移-180~180mm，深度0~80m，深度>20 m，呈"P"形曲线)	位移曲线呈"P"形，类似于浅-中层滑动型，位移曲线出现显著且唯一的位移突变，但滑动面部位相对较深（深度>20 m）。斜坡处于整体滑动状态	(四方碑滑坡实测，位移-16~16mm，深度0~40m，含15/08/08、15/09/30、16/04/15三条曲线) 四方碑滑坡[26]

续表

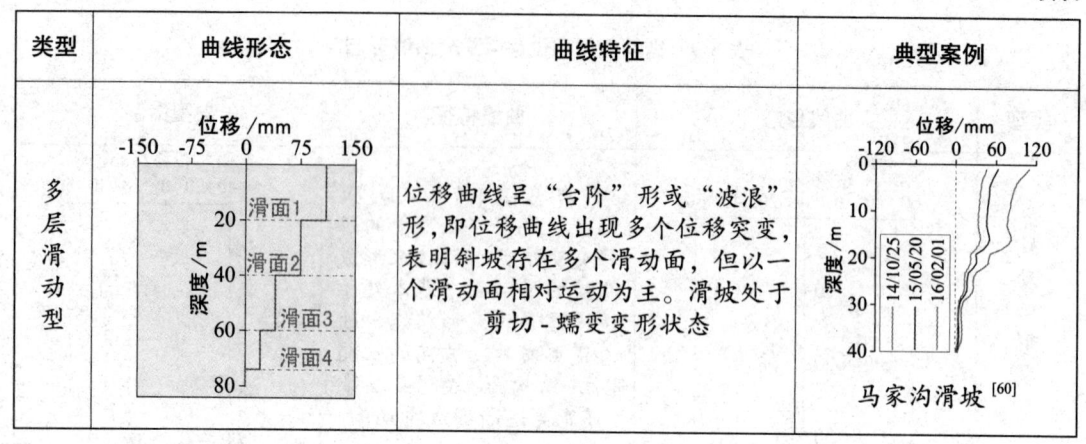

类型	曲线形态	曲线特征	典型案例
多层滑动型	(位移/mm，深度/m，滑面1、滑面2、滑面3、滑面4)	位移曲线呈"台阶"形或"波浪"形，即位移曲线出现多个位移突变，表明斜坡存在多个滑动面，但以一个滑动面相对运动为主。滑坡处于剪切-蠕变变形状态	马家沟滑坡[60]（14/10/25、15/05/20、16/02/01）

5.4.4 失稳破坏型

表 5-11　失稳型累积位移-深度曲线形态

类型	曲线形态	曲线特征	典型案例
失稳破坏型	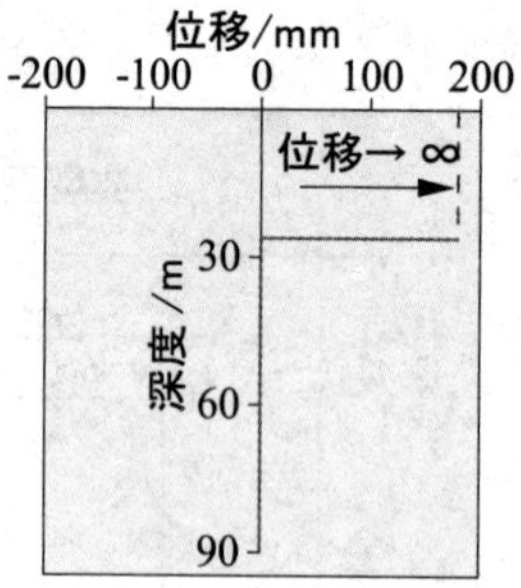 (位移/mm，深度/m，位移→∞)	位移曲线呈"D"形或长条形，失稳坡体整体呈高速滑动，位移量为厘米级甚至米级。滑坡处于失稳破坏阶段。此时，传统的测斜管难以捕捉到失稳破坏阶段的累积位移-深度曲线特征，测斜管已经被剪断，因此需要采用一些新型传感器进行监测，如阵列式位移计SAA[38]	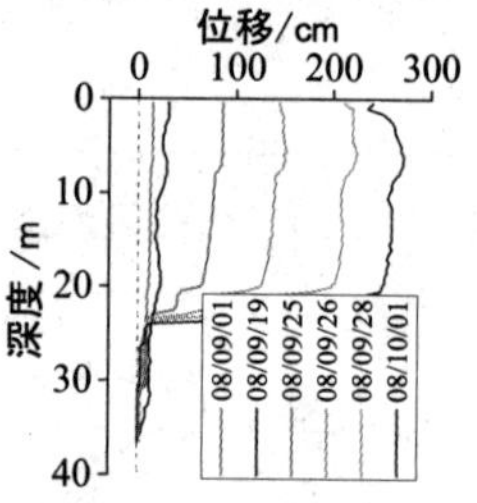 美国明尼苏达州2号国道滑坡[38]（08/09/01、08/09/19、08/09/25、08/09/26、08/09/28、08/10/01）

5.5　小结

本书在搜集大量滑坡案例和监测资料的基础上，结合已有学者的研究成果，提出了新的位移-时间曲线和累积位移-深度曲线分类系统，结论如下。

（1）综合考虑滑坡变形破坏机理、曲线几何形态、位移发展趋势等因素，将位移-时间曲线划分为六大类型：失稳型、阶跃型、趋缓型、直线型、波动型和回落型。每一种大类型下又细分若干子类，总共二十个子类，如失稳型可细分为三阶段蠕变型、匀速-加速型、渐进加速型、突变加速型、加速-匀速型和加速-减速型。相比于前人单一的分类方法和简单归纳，新的分类系统适实用性和系统性更强，可以更全面地分析滑坡变形破坏的演化特征和进行演化阶段辨识。根据滑坡位移-时间曲线形态特征，滑坡的演化阶段可划分初始变形阶段、等速变形阶段（或称平稳发展阶段）、加速变形阶段（或称失稳破坏阶段）和变形稳定阶段。

（2）考虑滑坡变形破坏的不同演化阶段，将累积位移-深度曲线形态分为变形稳定型、蠕动变形型、滑动变形型和失稳破坏型四大类。变形稳定型又分为基本稳定性和左右摇摆型，滑动变形型分为浅-中层滑动型、深层滑动型和多层滑动型。

参考文献

[1] Fell R, Hungr O, Leroueil S, et al. Keynote lecture-geotechnical engineering of the stability of natural slopes, and cuts and fills in soil[C]. ISRM international symposium, 2000.

[2] Intrieri E, Carlà T, Gigli G. Forecasting the time of failure of landslides at slope-scale: A literature review[J]. Earth-Science Reviews, 2019, 193: 333-349.

[3] 许强. 对滑坡监测预警相关问题的认识与思考[J]. 工程地质学报, 2020, 28（02）: 360-374.

[4] 王尚庆. 长江三峡滑坡监测预测[M]. 北京: 地质出版社, 1999.

[5] 孔纪名. 滑坡发育的阶段性特征与观测[J]. 山地学报, 2004（06）: 725-729.

[6] 成永刚. 滑坡的区域性分布规律与防治方案研究[D]. 成都: 西南交通大学, 2013.

[7] Sullivan T D. 2007. Hydromechanical coupling and pit slope movements[C]. Slope Stability 2007: Proceedings of the 2007 International Symposium on Rock Slope Stability in Open Pit Mining and Civil Engineering. Australia: Australian Centre for Geomechanics, 2017: 3-43.

[8] 马俊伟. 渐进式滑坡多场信息演化特征与数据挖掘研究[D]. 武汉: 中国地质大学, 2016.

[9] Martin D C. Time dependent deformation of rock slopes[D]. U.K.: University of London, 1993.

[10] Leroueil S, Locat J, Vaunat J, et al. Geotechnical characterization of slope movements[C]. Proceedings 7th International Symposium on Landslides, 1996, 1: 53-74.

[11] Broadbent C D, Zavodni Z M. Influence of rock structure on stability. Stability in surface mining[J]. Society of Mining Engineers, 1982, 3: 30-35.

[12] 曾裕平. 重大突发性滑坡灾害预测研究[D]. 成都: 成都理工大学, 2009.

[13] Cascini L, Calvello M, Grimaldi G M. Displacement trends of slow-moving landslides: Classification and forecasting[J]. Journal of Mountain Science, 2014, 11(3): 592-606.

[14] 孙玉科. 边坡稳定性研究的新课题[M]. 北京: 科学技术文献出版社, 1983.

[15] Sullivan T D. Understanding pit slope movements[M]. Geotechnical Instrumentation and Monitoring in Open Pit and Underground Mining. Rotterdam: Balkema Publishers, 1993.

［16］许强，汤明高，黄润秋. 大型滑坡监测预警与应急处置 [M]. 北京：科学出版社，2015.

［17］李远耀. 三峡库区渐进式库岸滑坡的预测研究 [D]. 武汉：中国地质大学，2010.

［18］乔建平. 长江三峡库区蓄水后滑坡危险性预测研究. 北京：科学出版社，2012.

［19］汤罗圣. 三峡库区堆积层滑坡稳定性与预测研究 [D]. 武汉：中国地质大学，2013.

［20］华国辉. 基于变形监测信息的三峡库区滑坡分类与预测系统研究 [D]. 宜昌：三峡大学，2013.

［21］Paronuzzi P，Bolla A，Rigo E. Brittle and ductile behavior in deep-seated landslides: learning from the vajont experience[J]. Rock Mechanics and Rock Engineering，2015，49（6）：2389-2411.

［22］马俊伟，唐辉明，邹宗兴，等. 滑坡位移预测的智能算法与应用实例 [M]. 武汉：中国地质大学出版社，2016.

［23］傅鹏辉. 库水位下降条件下滑坡稳定性及动力增载位移响应规律研究 [D]. 青岛：青岛理工大学，2017.

［24］亓星. 突发型黄土滑坡监测预警研究 [D]. 成都：成都理工大学，2016.

［25］Miao F，Wu Y，Xie Y，et al. Prediction of landslide displacement with step-like behavior based on multialgorithm optimization and a support vector regression model[J]. Landslides，2018，15（3）：475-488.

［26］杨背背. 三峡库区万州区库岸堆积层滑坡变形特征及位移预测研究 [D]. 武汉：中国地质大学，2019.

［27］何朝阳. 滑坡实时监测预警系统关键技术及其应用研究 [D]. 成都：成都理工大学，2020.

［28］郭璐. 水库型滑坡复合渗流动力灾变规律与物理预测模型研究 [D]. 青岛：青岛理工大学，2020.

［29］Du H，Song D，Chen Z，et al.Prediction model oriented for landslide displacement with step-like curve by applying ensemble empirical mode decomposition and the PSO-ELM method[J]. Journal of Cleaner Production，2020，270：122248.

［30］Hu X，Wu S，Zhang G，et al. Landslide displacement prediction using kinematics-based random forests method：A case study in Jinping Reservoir Area，China[J]. Engineering Geology，2020，283：105975.

［31］喻小. 基于 GNSS 监测的滑坡预测模型及预警判据初步研究 [D]. 成都：成都理工大学，2020.

［32］刘传正. 累积变形曲线类型与滑坡预测 [J]. 工程地质学报，2021，29（1）：86-95.

［33］贺可强，陈为公，张朋. 蠕滑型边坡动态稳定性系数实时监测及其位移预警判据研究 [J]. 岩石力学与工程学报，2016，35（7）：1377-1385.

［34］Li X，Kong J，Wang Z. Landslide displacement prediction based on combining method with optimal weight[J]. Natural Hazards，2012，61（2）：635-646.

［35］Rose N D，Hungr O. Forecasting potential rock slope failure in open pit mines using the inverse-velocity method[J]. International Journal of Rock Mechanics and Mining

Sciences, 2007, 44（2）: 308-320.

［36］Carlà T, Farina P, Intrieri E, et al. On the monitoring and early-warning of brittle slope failures in hard rock masses: Examples from an open-pit mine[J]. Engineering Geology, 2017b, 228: 71-81.

［37］Mazzanti P, Bozzano F, Cipriani I, et al. New insights into the temporal prediction of landslides by a terrestrial SAR interferometry monitoring case study[J]. Landslides, 2015, 12（1）: 55-68.

［38］陈贺, 汤华, 葛修润, 等. 基于深部位移的蠕滑型滑坡预警指标及预警预报研究[J]. 岩石力学与工程学报, 2019（S1）: 3015-3024.

［39］Zhou X, Liu L, Xu C. A modified inverse-velocity method for predicting the failure time of landslides[J]. Engineering Geology, 2020, 268: 105521.

［40］王东, 杜涵, 王前领. 基于系统聚类-加权马尔科夫耦合模型滑坡预警方法研究与应用[J]. 煤炭学报, 2020, 45（05）: 1783-1794.

［41］Corominas J, Moya J, Ledesma A, et al. Prediction of ground displacements and velocities from groundwater level changes at the Vallcebre landslide（Eastern Pyrenees, Spain）[J]. Landslides, 2005, 2（2）: 83-96.

［42］薛雷, 秦四清, 泮晓华, 等. 锁固型斜坡失稳机理及其物理预测模型[J]. 工程地质学报, 26（01）: 2018, 179-192.

［43］Voight B. Wedge rockslides, Libby Dam and Lake Koocanusa, Montana[M]. Developments in Geotechnical Engineering. Amsterdam: Elsevier, 1979, 14: 281-315.

［44］高晨曦, 刘艺梁, 薛欣, 等. 三峡库区典型堆积层滑坡变形滞后时间效应研究[J]. 工程地质学报, 2021, 29（05）: 1427-1436.

［45］Helmstetter A, Sornette D, Grasso J R, et al. Slider block friction model for landslides: Application to Vaiont and La Clapière landslides[J]. Journal of Geophysical Research: Solid Earth, 2004, 109（B2）: 1-15.

［46］Hergarten S. Self-organized criticality in earth systems[M]. Berlin: Springer.

［47］何云, 唐军, 李明智, 等. 2018. 贵州省沿德高速公路龙家岩滑坡治理工程实例研究[J]. 灾害学, 2002, 33（S1）: 134-137.

［48］Huvaj-Sarihan N. Evaluation of the rate of movement of a reactivated landslide[J]. GeoEdmonton 2008, 08, 1171-1178.

［49］钟储汉, 王强, 樊茜佑, 等. InSAR技术在黑方台滑坡隐患早期识别中的应用[J]. 山西建筑, 2021, 47（16）: 164-165.

［50］Nie L, Li Z, Zhang M, et al. Deformation characteristics and mechanism of the landslide in West Open-Pit Mine, Fushun, China[J]. Arabian Journal of Geosciences, 2015, 8（7）: 4457-4468.

［51］王一帆, 亓星, 程倩, 等. 基于切线角预警的滑坡匀速变形速率数据处理方法[J]. 水利水电技术（中英文）, 2021, 52（12）: 185-190.

［52］Gong W, Juang C H, Wasowski J. Geohazards and human settlements: Lessons learned from multiple relocation events in Badong, China - Engineering geologist's perspective[J]. Engineering Geology, 2021, 285: 106051.

[53] 杨杰, 胡德秀, 关文海. 李家峡拱坝左岸高边坡岩体变位与安全性态分析 [J]. 岩石力学与工程学报, 2005, 19: 153-162.

[54] 王士天, 詹铮, 刘汉超. 洒勒山高速滑坡的基本特征及动力学机制 [J]. 地质灾害与环境保护, 1990, 02: 66-74.

[55] 殷跃平, 李廷强, 唐军. 四川省丹巴县城滑坡失稳及应急加固研究 [J]. 岩石力学与工程学报, 2008, 05: 971-978.

[56] 靳晓光, 王兰生, 李晓红. 滑坡滑动面位置的确定及超前预测 [J]. 中国地质灾害与防治学报, 2001, 01: 14-16.

[57] 靳晓光, 李晓红, 王兰生, 等. 滑坡深部位移曲线特征及稳定性判识 [J]. 山地学报, 2000, 05: 440-444.

[58] 朱泽奇, 胡琪堂, 龚擎玉, 等. 基于深部位移曲线特征的公路边坡稳定性评价方法研究 [J]. 公路, 2019, 64（01）: 13-19.

[59] 刘磊. 三峡水库万州区库岸滑坡灾害风险评价研究 [D]. 武汉：中国地质大学, 2016.

[60] Calvello M, Cascini L, Grimaldi G M, et al. Displacement scenarios of a rainfall-controlled slow moving active slide in stiff clays[J]. Georisk, 2009, 3（3）: 116-125.

[61] Zhang Y, Hu X, Tannant D D, et al. Field monitoring and deformation characteristics of a landslide with piles in the Three Gorges Reservoir area[J]. Landslides, 2018, 15(3): 581-592.